小小的自然观察笔记

王灵捷 著　王静思 绘

大自然在路上

童趣出版有限公司编　人民邮电出版社出版

北京

图书在版编目（ＣＩＰ）数据

小小的自然观察笔记. 大自然在路上 / 王灵捷著；王静思绘 ； 童趣出版有限公司编. -- 北京 ：人民邮电出版社，2023.3

ISBN 978-7-115-60387-6

Ⅰ. ①小… Ⅱ. ①王… ②王… ③童… Ⅲ. ①自然科学－少儿读物 Ⅳ. ①N49

中国版本图书馆CIP数据核字(2022)第207816号

作　　者：王灵捷
绘　　者：王静思
责任编辑：王壬杰
责任印制：孙智星
封面设计：王东晶
排版制作：韩木华

编　　　：童趣出版有限公司
出　　版：人民邮电出版社
地　　址：北京市丰台区成寿寺路11号邮电出版大厦（100164）
网　　址：www.childrenfun.com.cn

读者热线：010-81054177
经销电话：010-81054120

印　　刷：北京联兴盛业印刷股份有限公司
开　　本：889 X 1194　1/16
印　　张：7.75
字　　数：120千字
版　　次：2023年3月第1版　2024年3月第9次印刷
书　　号：ISBN 978-7-115-60387-6
定　　价：49.00 元

目录

窗外的
大自然

生命的诞生

春风带着特有的暖意轻抚过小小的脸蛋，他正趴在窗口看着自制的鸟巢。前几天，他发现鸟巢里多了两颗蛋，妈妈说不久后这些蛋就会变成珠颈斑鸠宝宝。小小正期待着新生命的到来。

那么最初的生命是怎么诞生的呢？

起初，地球在宇宙中漂泊，不仅离其他天体很远，地球上也丝毫没有生命的迹象。它就这样孤独地度过了约 10 亿年。不过，在这段时间里，地球没有停下脚步，而是在为孕育新生命做准备。

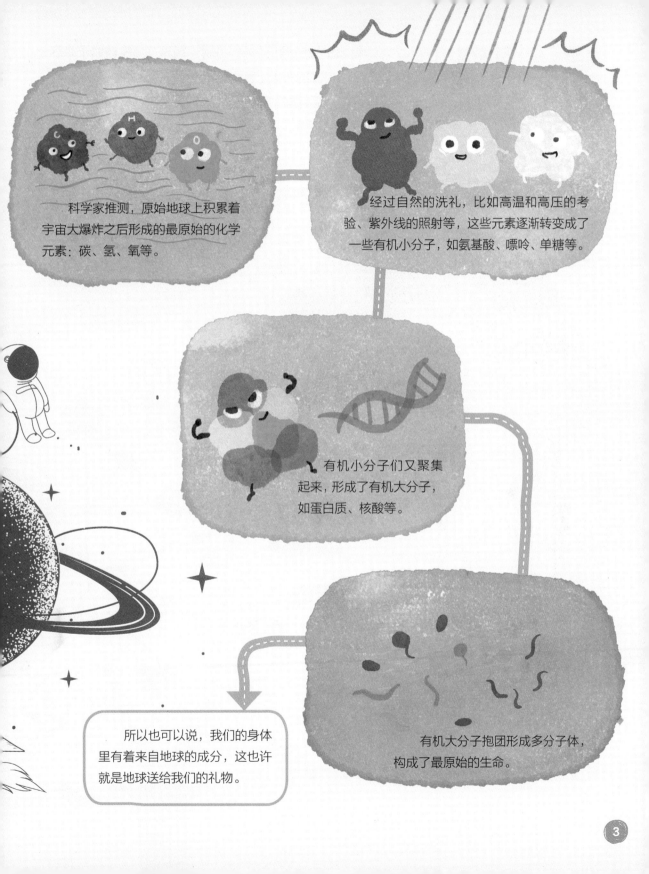

科学家推测，原始地球上积累着宇宙大爆炸之后形成的最原始的化学元素：碳、氢、氧等。

经过自然的洗礼，比如高温和高压的考验、紫外线的照射等，这些元素逐渐转变成了一些有机小分子，如氨基酸、嘌呤、单糖等。

有机小分子们又聚集起来，形成了有机大分子，如蛋白质、核酸等。

所以也可以说，我们的身体里有着来自地球的成分，这也许就是地球送给我们的礼物。

有机大分子抱团形成多分子体，构成了最原始的生命。

演化之路

几周之后，小小的鸟巢就热闹了起来，新生命终于来到了这个世界。小小兴奋地看着鸟巢里两只毛茸茸的小家伙，疑惑也随之而来：生命拥有相同的起源，可为什么我们看起来千差万别呢？

不论是高等的哺乳动物，还是比较低等的原始生物，都在数亿年的时光里不断演化着。这些外形和生活习性的改变，都是为了更好地适应地球上多变的环境。

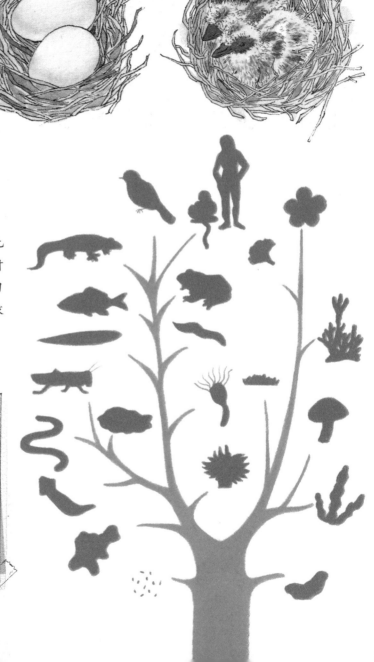

小常识

恐龙曾是地球的"霸主"，但它们却在距今约六千多万年前神秘地灭绝了。它们灭绝的原因仍等待我们去探索。

其实我们很像!

这条演化之路在我们和其他生物身上都留下了痕迹,透过这些痕迹,就能发现隐藏在外表下的相似之处:

	鱼	蝾螈	龟	鸡	猪	牛	兔	人

生长过程 →

我们也曾经用鳃呼吸,还拖着小尾巴吗? 是的!

在胚胎形成的时候,不论是鱼、爬行动物、两栖动物、鸟,还是哺乳动物,都长着一个大大的脑袋和弯弓般的身体,身体的末端还长着一条小尾巴。在咽部的两侧,还有一个叫作鳃裂的器官。随着我们慢慢长大,鳃裂会逐渐消失,尾巴也会褪去。而一些比较低等的脊椎动物和鱼则终生保留着鳃裂和尾巴。

这些"手"是谁的？

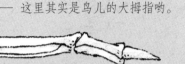
这里其实是鸟儿的大拇指哟。

伸出我们的双手瞧瞧吧。不同动物的"手"看起来天差地别，但当我们看向这些"手"的骨骼时，就会感叹：原来我们都一样啊！

鸟类：
鸟儿的"手"是覆盖着羽毛的翅膀，内部的骨骼是一个整体。这样一来，翅膀更容易发力，让鸟儿们能够飞翔。

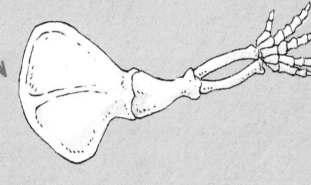

鲸类：
鲸的"手"很像鱼类的胸鳍，但当我们看到它的骨骼时，会发现它更像陆地动物的前肢。这也证明了鲸的祖先曾是陆生哺乳动物。

蛙类：
蛙类在蝌蚪时期并没有长出四肢，也无法在陆地上生活。随着成长，它们的身体发生了巨大的变化，甚至能够离开水生活。

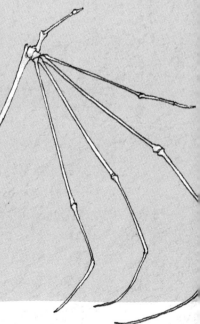

蝙蝠类：
蝙蝠是唯一一种能飞翔的哺乳动物，它们"手"部附着着一层薄而带毛的皮膜。

在我们的身体里，有一些退化的器官，虽然它们在我们身上不再有用，但对于我们的祖先来说，它们当时都发挥着各自的功能。我们把这些器官叫作痕迹器官。

盲肠：

在人体中，有一个器官叫作盲肠，它在人体中已经退化。盲肠可以消化像草这类高纤维食物，食草动物的盲肠很发达。

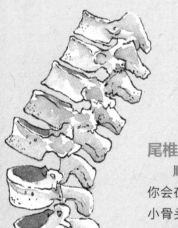

动耳肌：

有些小朋友会一项特别的技能——动耳朵，这其实是动耳肌正在发挥作用。我们的祖先拥有这项技能。随着人类的进化，我们不再需要通过动耳朵来增强听力，动耳肌也就慢慢退化了。

尾椎骨：

顺着我们的脊柱摸下去，你会在末端摸到一个尖尖的小骨头，它叫作尾椎骨，是我们残留的"小尾巴"。

体表的毛发：

我们的体表也长着毛发，但非常稀疏。这也是我们退化了的器官之一。

云的故事

这一晚，小小安心地进入了梦乡，他梦到了自己和珠颈斑鸠们飞上了天空，听风儿讲着云的故事。它说，云的故事是一个圆形的故事，大自然中有许多这样的圆，不以谁为起点，也不以谁为终点。

云的圆——水循环

我们所见到的任何一滴水，都不是单独存在的。它们或许来自昨晚的一场雨，或许来自附近的一片池塘，甚至可能是人们不小心洒落的饮用水。可以确定的是，你见到它们的时候，它们正在享受自己的旅程呢。

太阳为水循环提供了热量支持，它可是水循环的重要动力呢！

随着水蒸气的爬升，它们周围的环境温度在不停下降，遇冷后，水蒸气就形成了云团。

海洋储存着地球上最多的水资源，海洋中的水分被蒸发后，就跟着暖空气上升，进入大气。

当云中的小冰晶和小水滴越聚越多，空气无法托住它们时，就会形成各种形态的降水，最常见的就是雨。水分会随之再次降到海洋和陆地。

小小观察笔记——自然中的"圆"：碳循环

除了有云参与的水循环，自然中还存在着很多等着我们发现的"圆"，碳循环也是其中之一。在我们呼吸的空气中一直存在着的二氧化碳就是碳循环的一部分。

观察记录

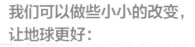

碳：矿物燃料（如石油）主要是碳元素构成的，当燃烧它们时，就会释放出二氧化碳气体，比如工厂排放的废气、汽车排放的尾气等。

植物：通过光合作用，植物会将二氧化碳和水转化为有机物，并释放氧气。如果森林被持续砍伐，植被遭到破坏，这种转化效率就会大大降低。

我们可以做些小小的改变，让地球更好：

1. 绿色出行。乘坐公共交通工具或是骑自行车出行。有时候，放慢脚步，走一走，也是不错的选择哟。

2. 守护绿色。不随意在树上悬挂物品，不攀爬树木，跟自然保持一点儿距离。

3. 废旧物品利用。在家里也可以简单实现废旧物品循环利用，比如把冲泡剩下的咖啡渣干燥处理后放进冰箱，就能够吸附冰箱里的异味。

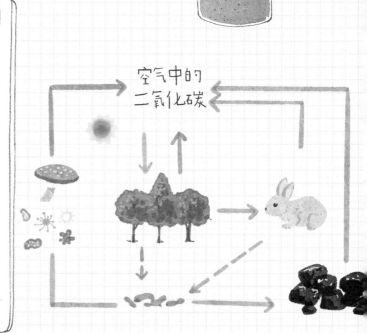

空气中的二氧化碳

彩虹也是圆

起床后，小小倒了一杯热水，盖上杯盖，不一会儿盖子上就挂起了一滴滴水珠，其实杯盖下的水杯也是一个水循环的小世界呢。我们的身边不光有这样完整的圆形循环，还有些藏起来的圆。彩虹，就是一个爱捉迷藏的圆。

我们看到的彩虹就像一座悬在天际的桥，只有半个圆。但让我们从更高的地方看下去吧！没有了地平线上的建筑物、树木和电线杆的遮挡，彩虹实际上是一个完整的圆呢。

"霓虹"虽然是一个词语，
但它可是包含着两种光的现象，分别是霓和虹，
也就是彩虹的副虹和它本身（主虹）。
副虹常常守护在主虹上方，颜色比较暗淡，
因此容易被我们忽视。它的颜色排列和主虹恰好相反。

空气中游荡着无数细微的水滴，
它们折射着太阳光的色彩。
光线射入的角度不同，呈现出的颜色也不同。

你也可以搭建一座自己的"迷你彩虹桥"哟。选择一个阳光明媚的天气，准备一个浇花用的水管或喷水壶，把喷头调到喷洒面积最大的一档，均匀地对着空中喷洒，就会形成水滴密集的水雾，彩虹就出现了！要记住，背对着太阳，才能见到彩虹。

小小探索笔记—— 探索光的三原色

其实用3种颜色的光,就能合成我们的眼睛能看到的所有色彩,这三种光就是光的三原色。它们分别是:红光、绿光和蓝光(RGB)。

记录日期:2022年7月3日

记录地点:家中的书房

道具:手电筒3个,红、绿、蓝三色的塑料纸(透光的材料),橡皮筋3枚,白色的墙壁或是白纸。

观察记录1
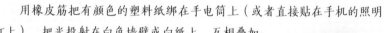

确认手电筒照射出的光为白色光,将几个手电筒的光线叠加,呈现的仍然为白色光。

推论:同种光线叠加的时候,颜色不发生变化。

观察记录2

用橡皮筋把有颜色的塑料纸绑在手电筒上(或者直接贴在手机的照明灯上),把光投射在白色墙壁或白纸上,互相叠加。

红光 + 绿光 = 黄光　　红光 + 蓝光 = 紫光

绿光 + 蓝光 = 青光　　红光 + 绿光 + 蓝光 = 白光

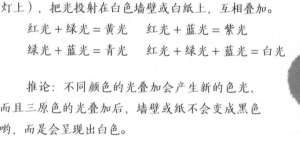

推论:不同颜色的光叠加会产生新的色光,而且三原色的光叠加后,墙壁或纸不会变成黑色哟,而是会呈现出白色。

小常识

有黑色的光吗?有!黑色的光是存在的,只是人眼无法捕捉。

有风来

打开电扇，小小感受到一阵风袭来。推开窗户，窗外的风吹动着窗帘，也扑到小小的脸上。对着自己的手心轻吹一口气，小小又感受到了风的存在。只要空气流动起来，风就产生了。

风的力量有多大呢？因为风的存在，大自然才能有不同的气象，它可以让冷、热空气交换，也能带来沙尘；它可以发电，却也能引发自然灾害……

蒲福风级：

人们通过测量风速搭配数字来描述风的强度。国际上通用的蒲福风级表，能概括出不同强度的风对环境的影响。

等级	风的描述	风速（km/h）	海面的变化	陆地的变化
0	静稳	<1	海面风平浪静	静，烟直上
1	软风	1~5	海面有鳞状波浪	炊烟被吹动，但风向仪不动
2	轻风	6~11	海面微波荡漾	人能感受到风，树叶也会发出轻响
3	微风	12~19	海面泛起带有泡沫的小波浪	树叶和细树枝都开始摆动
4	和风	20~28	海面波浪的波峰有更多白色泡沫	风能吹起尘土、纸屑

等级	风的描述	风速(km/h)	海面的变化	陆地的变化
5	清劲风	29~38	海面形成中浪	小树明显摆动
6	强风	39~49	海面翻起大浪，有小浪花	大树枝摇晃
7	疾风	50~61	海浪堆叠	全树摇动，迎风步行能感觉到阻力
8	大风	62~74	海面形成巨浪	细树枝被吹断
9	烈风	75~88	海面波涛汹涌	行人前进困难，建筑物部件可能被损坏
10	狂风	89~102	海面浪花猛烈，能见度很低	陆地上树木、建筑物可能严重损毁
11	暴风	103~117	海浪可直接淹没中小型船只	陆地上很少出现
12	飓风	118~133	海浪极凶险，几乎无法观察周围情况	陆地上极少出现

注：蒲福风级共有 18 级，在这里只列举较为常用的 0~12 级。

谁是蒲福？

弗朗西斯·蒲福是一位英国人，长时间的海上生活和观察，让他想到通过帆船在海面上的前进效果来测定风的强度。在 1805 年，他制定出了蒲福风级，用于风速测量，让人们对风力有了直观的认识。

小常识

台风和飓风是我们常见的词汇，它们指的都是热带气旋，只不过因为它们的"出生地"不同，所以称呼和计量方法都不太一样，但它们的含义是相近的。

气象变化会对农耕产生很大影响。作为一个农业大国，我国古代的天文、历法和农学都十分发达。

唐代的著名天文学家李淳风也对风力做过定级描述，比蒲福风级的发明早了 1 200 年左右呢。蒲福在海上观察，而李淳风则在陆地上观察，他把风力划分成了 8 个等级，并写进了《乙巳占》一书中。他对风力的描述和蒲福风级十分相似。

一级动叶，二级鸣条，
三级摇枝，四级堕叶，
五级折小枝，六级折大枝，
七级折木飞沙石，八级拔树及根。

鸟儿担当风向标大使：

在许多欧洲的建筑物屋顶上，能见到公鸡造型的风向标。2019 年 4 月 15 日，巴黎圣母院遭遇严重火灾，所幸顶部的公鸡风向标保存完好，被转移到卢浮宫安置。在我国，鸟是主宰着天文气象的图腾。因此，古人们也选择了鸟的形象，制作成铜或木质的"相风鸟"。

捕捉风的风向袋：

我们有时会在机场见到这样一种红白相间的"旗帜"，它像一个袋子一样能兜住风。当风吹进袋子，袋口指向的那个方向，就是风向了。

小小探索笔记——
捕捉风的风向仪

记录日期: 2022 年 8 月 11 日

地点: 家里的阳台

道具: 硬纸板、小石块、纸杯、牙签、吸管、胶带、剪刀等。

操作步骤:

1. 裁切 3 种形状的硬纸板: 梯形、三角形和两个圆形 (两个圆形分别比纸杯口和底座稍大即可)。

2. 剪裁吸管, 让吸管的长度比纸杯口直径略长一些, 用牙签在吸管中间钻一个孔。

3. 将梯形和三角形硬纸板粘在吸管两头, 做成一支"吸管箭"。

4. 把牙签的钝头固定在纸杯上, 可以用多余的吸管把牙签撑高。

5. 在纸杯内放一些重物, 比如小石块, 再将纸杯口用硬纸板封住。

7. 把制作好的简易风向仪放在窗口, 观察一段时间内箭头指向时间最久的那个方向, 这就是这一时段的风向。

小提示:

在记录之前, 先借助指南针或者问问爸爸妈妈, 东南西北分别在哪儿。可以把方向标注在纸杯上哟!

6. 将牙签插入吸管箭中间的孔里, 让吸管箭能够自由转动。

天气的秘密

　　小小习惯每天早晚都看看天气预报，他发现不同的天气旁边都画着对应的小符号。我们对其中的大部分都很熟悉，跟着图表再熟悉下它们吧。在记录天气的时候，如果使用这些符号代替文字，你的笔记一定会更加生动。

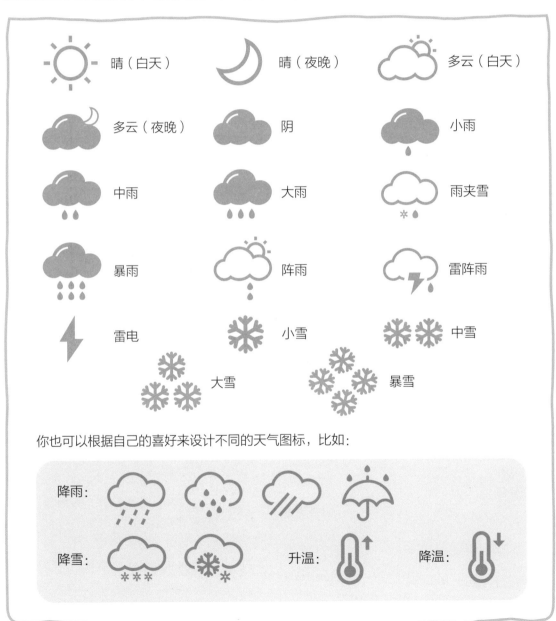

答案:

① 降雨　　　云团中积累的小水滴降落到地面，就形成了降雨。

② 降雪　　　当水滴遇到很低的气温，在下落过程中就会凝固成雪花，产生降雪。

③ 冰雹　　　如果气温下降得十分剧烈，水滴就会凝结成很大的团块，下落变成冰雹。

④ 雨夹雪　　当雨水混合了还没融化的雪落下时，雨夹雪的天气就随之而来了。

⑤ 雾　　　　看起来灰蒙蒙的雾，也是由水蒸气升到空中遇冷形成的。

雷声和闪电也和水有关

　　雷电来自雷雨云。原本聚集着水滴的云团遭遇了湿热空气的撞击，产生剧烈的震荡，使水滴积累起了电荷。这些水滴组成的积雨云就变成了雷雨云。雷雨云向大地放电，形成了我们能看到的闪电。闪电划过的空气急速膨胀，就会发出震耳欲聋的响声，这就是打雷。

　　雷和闪电是"孪生兄弟"，它们总是同时出现。为什么我们往往先看到闪电，过一会儿才能听见雷声呢？这是因为声音在空气中的传播速度比光慢了许多：光速约为 300 000 000m/s，而声速约为 340m/s。

小小探索笔记——雷声轰隆隆

　　遇到雷雨天气，我们一定要注意安全。来看看小小整理的这份安全指南吧。

雷雨天安全指南：

　　1. 越空旷的地方越危险，尽快躲进室内吧。如果没有办法躲进室内，请尽量蹲低。

　　2. 远离导电物体，比如金属制品、电子设备等。请提醒身边的人，摘下耳机、收好手机！

　　3. 找到避雷场所，在建筑物的顶端总是安装着避雷针。这种装置是在主动吸引雷电靠近，把电流从高处引导到大地，从而避免雷电直接袭击建筑物。

　　4. 不要站在大树下！虽然木头是绝缘体，但是被雨水打湿的高大树木就像一根避雷针，会引来雷电。

小区里的
大自然

小区的守护者

小小下楼时刚刚下过雨，走在雨后的小区里，小小觉得心旷神怡。环境优美的小区都有哪些默默无闻的守护者呢？

树木组

玉兰：

  玉兰能够净化空气，是比较常见的观赏乔木。早春时节，洁白的玉兰花开放，散发着淡淡的清香。最特别的是，它们的花是早于叶子生长的。玉兰刚开花的时候，枝干上还是光溜溜的呢。

荷花木兰：

  也叫洋玉兰、广玉兰，它们和玉兰都是木兰属的植物。荷花木兰的叶子又大又厚实，表面呈墨绿色，而背面披着浅浅的棕黄色茸毛。它们的花苞也十分饱满，完全开放的时候会露出排列着雌蕊和雄蕊的花蕊柱。

绿篱组

日本珊瑚树：

  日本珊瑚树能够净化有毒、有害气体，它们常常被修剪成篱笆的样子，围绕着小区站立。它们一年四季都挂着油亮的绿叶，像日本珊瑚树这样能够用来分隔空间的绿色植物，也被叫作绿篱植物。

小叶女贞：

　　小叶女贞是一种常绿的灌木。它们最常见的姿态是被修剪成一颗颗小圆球，整齐列队。在 5、6 月份，白色的小花会短暂开放。小叶女贞不仅长得可爱，还能吸附环境中的有害气体，是空气净化小能手。

花卉组

瓜叶菊：

　　菊科植物是一个大家族，它们的花瓣大多又长又窄，呈舌状。相比之下，瓜叶菊显得小巧圆润，可爱了许多。瓜叶菊一般在春季开放，色彩主要有紫色和蓝色，还有的会呈现出一圈白色。

石竹：

　　不论在南方还是北方，都能见到石竹。有时它们的花朵能从春天一直绽放到夏末呢！你瞧，石竹的花瓣几乎和茎垂直，是不是和康乃馨长得有点儿像呢？其实，康乃馨也叫香石竹，它们也是石竹属的花卉哟。

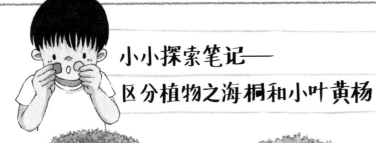

小小探索笔记——
区分植物之海桐和小叶黄杨

你也许还在小区里见过海桐和小叶黄杨，它们也是两种常见的绿篱植物。经过修剪之后，"发型"相同的它们变得十分相似。通过仔细观察，小小记录了它们之间的不同之处。

花：海桐和小叶黄杨的花朵都呈白色，而且总是成团出现。但海桐花的花柄长，小叶黄杨的花则没有花柄。

叶子：海桐的叶子呈倒卵形，能看到叶子顶端明显比底部宽大，而小叶黄杨的叶子整体更小，呈比较均匀的椭圆形。海桐的叶子生长比较密，看起来就像排列成了一个圆盘，而小叶黄杨的叶子生长的间隔比较远。

海桐

小叶黄杨

小常识

绿篱植物的适应性一般很强，而且它们一般枝叶繁茂、耐修剪，我们经常能看到被修剪成各种形状的绿篱植物。

墙上的生机

除了那些栽种在小区里的植物们，小小在小区里观察的时候，还发现小区的墙上都充满了生机。

会净化空气的
盆栽墙

吊兰：

我们习惯把吊兰栽种在可以悬挂的花盆里，让它细长的叶子垂下来。吊兰最特别的是，它的枝条上会不断生出新株。把新生的植株取下，分盆栽种，就可以得到一盆"克隆"吊兰哟。

吊兰的变态地下茎。

绿萝：

绿萝的茎能够依附在物体上，缠绕着物体长出新叶。除了可以美化环境，绿萝也有净化空气的本领。不过，它们的心形叶子虽然可爱，但汁液是有毒的。所以当手上有伤口的时候，尽量不要接触绿萝哟。

爬山虎的花

爬山虎的果实

爬山虎:

　　爬山虎的叶子有点儿像手掌，边缘长着比较稀疏的锯齿。夏天爬山虎还会开黄色的小花，但它们通常隐藏在宽大的叶片里，很难被注意。花儿枯萎后，蓝黑色的球形果实就露了出来。

牵牛花:

　　牵牛花被人们亲切地称作"喇叭花"，因为它们的花瓣围成管状，管口向外翻开，像极了一个个小喇叭。牵牛花的叶片呈心形，萼片和茎上都长有白色茸毛。

金银花:

　　金银花刚刚开放的时候花朵呈白色，过一天就会慢慢变黄，因此被称为"金银花"。金银花还是一种中药材，它的花蕾入药后有清热解毒的功效。

小小探索笔记——植物的茎

墙上的植物都有一个特点，它们可以生长在建筑或是其他物体上，这些植物的攀爬技能离不开它们的茎。植物的茎大概有 5 种，小小把它们记录了下来。

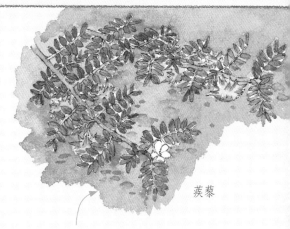

蒺藜

直立茎：直立茎也就是植物的茎与地面垂直，向上生长。这是大自然里最常见的一类茎。

向日葵

平卧茎：如果说直立茎是"站"着的，那么平卧茎就是"躺"着的。这类植物的茎往往比较柔软，如蒺藜（jí lí）。

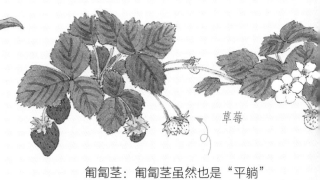

草莓

攀缘茎：植物的茎或叶会发育出适合攀爬的器官，比如爬山虎的"小吸盘"能帮助它们固定在物体表面。

匍匐茎：匍匐茎虽然也是"平躺"在地上，但枝节上会生出不定根，伸入土壤获取养分，如甘薯、草莓。

爬山虎

缠绕茎：长有缠绕茎的植物并没有强有力的攀爬结构，它们的茎比较柔软，能缠绕住物体生长。小区里的牵牛花就是这类植物。

牵牛花

小小探索笔记——萌芽

观察植物的枝条时，有时我们会看到一个个凸起的"小点"，这些小点就是植物的芽，它们能发育成枝条、花或是叶片。植物的芽也有不同的类型呢，小小记录了几个最典型的类型。

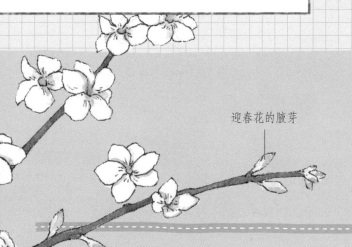

迎春花的腋芽

顶芽：顶芽会从枝干的顶端冒出来，比如橡皮树的叶芽。它们是植物长高的主要原因。

腋芽（侧芽）：腋芽是从枝干和叶子的夹角里冒出来的，就像长在植物的胳肢窝里。无花果的芽就是腋芽。

不定芽：有一些植物比较特殊，它们会在受伤的部位、老茎、根等地方抽出新芽，这样的芽生长位置并不确定，因此叫作不定芽。我们经常看到的土豆、甘薯上长出的小芽就是不定芽。

通常来说，如果植物的顶芽生长得很活跃，就会抑制腋芽的生长。在顶芽和腋芽相互抗衡的过程中，植物就有了不同的分枝方式。

单轴分枝：主茎的顶芽生长旺盛的植物通常有明显的主干，而侧枝都有序排列着，整株植物的形状呈三角形。道路边常见的玉兰、松树、柏树和杉树都是这种类型。

玉兰

合轴分枝：合轴分枝的树木没有明显的主干，它们的侧枝特别发达，整棵树呈横向发育，比如桃树。也有一些果树小时候为单轴分枝，而长成后变为合轴分枝，比如李子树。

桃树

水杉

小小正凑近盆栽墙，观察着植物的茎，没想到遇到了另一位"小区居民"——蜗牛。

蜗牛偏爱阴暗潮湿的角落，喜欢躲在植物的叶片间乘凉。对了，它的壳里藏了不少秘密呢。

秘密一：
蜗牛的壳从哪里来？

秘密二：
为什么蜗牛壳是螺旋形的？

我们知道寄居蟹的壳不是生来就有的，但蜗牛的壳可是自己的哟。它们不但能够分泌钙化物形成壳，随着它们长大，壳还会变大增厚。当蜗牛遇到危险的时候，就会把柔软的身体缩回壳里。

蜗牛的壳开口两侧分别为外唇和内唇，这两个位置钙化物质形成的速度不一样。外唇生长得比内唇快，因此蜗牛的壳没办法均匀变大，就成了螺旋形。大多数种类的蜗牛壳是右旋的，而少数是左旋的。

秘密三：
蜗牛怎么吃东西？

蜗牛的牙与众不同，它们拥有锉刀般排列的齿舌。只需要伸缩齿舌，就能把好吃的刮进嘴里。有的蜗牛甚至长有 2 万多个小齿舌呢！在吃的方面，我们丝毫不用为它们担心。

秘密四：
蜗牛的眼睛长在哪里？

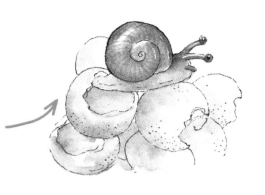

蜗牛的头部有两对触角，还有一对眼睛，可这对眼睛长在哪里呢？仔细观察较长的那对触角，它们尖端的小黑点就是蜗牛的眼睛了。但它们的视力并不是很好，眼睛主要承担感受光线的功能。

秘密五：
蜗牛有腿吗？

有，蜗牛的腿被称作"腹足"。蜗牛腹部强有力的肌肉收缩时，就能让像吸盘一样扁平的腹足运动起来。同时，腹足还能分泌黏液，润滑地面，让爬行更加顺畅。

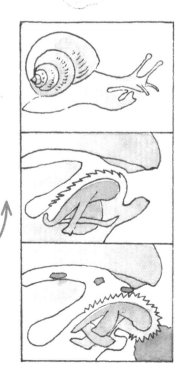

秘密六：
蜗牛分公母吗？

不分，蜗牛是雌雄同体的动物，也就是说一只蜗牛的体内同时有雌、雄两套生殖腺。蜗牛的宝宝是以卵的形式从生殖孔排出的。在图上找找看生殖孔的位置吧。

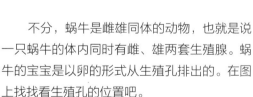

蛞蝓也有壳

小小有时会在潮湿的角落里发现一种动物，长得就像没有壳的蜗牛一样，它们还有个并不好听的绰号——"鼻涕虫"，那就是蛞蝓（kuò yú）。远古时期的蛞蝓也长着螺旋形的壳，但在进化的过程中，它们沉重的外壳逐渐褪去，以内壳的形式存在。这样一来，我们无法观察到它们的壳了。

蛞蝓和蜗牛是什么动物呢？

它们都属于软体动物。有一些软体动物长着明显的脑袋，比如蜗牛、乌贼、章鱼等。它们头部的触角、眼睛等器官能帮助它们感知外界，增强运动能力。还有一些软体动物，我们很难找到它们的脑袋，比如河蚌、牡蛎等。它们平时不是在水底躺着不动，就是干脆把自己埋起来，十分慵懒。

软体动物的血是什么颜色的呢？

血液在软体动物体内的时候，是无色的。当血液和外界的氧气接触后，由于大多数软体动物的血浆含有血蓝蛋白，所以血液会呈淡蓝色或无色。也有少数软体动物体内含有的是血红蛋白，比如蚶，它们流出的血液就是红色的。

小小探索笔记——
蜗牛的天敌

在观察一种动物时，我们不仅要了解它的生活习性，也要了解它在自然中的位置，比如有哪些动物以它为食？可以走出家门，去小区或是公园进行观察。下面是小小观察到的蜗牛的天敌——萤火虫幼虫。

观察对象

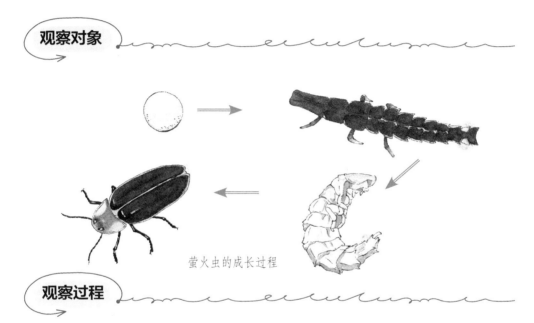

萤火虫的成长过程

观察过程

萤火虫幼虫会顺着蜗牛腹足分泌的黏液找到蜗牛，然后用腹部末端的吸盘牢牢抓住蜗牛的壳，接着把上颚的口器扎进蜗牛柔软的身体。它们会从上颚分泌出毒液，慢慢溶解蜗牛的身体，将蜗牛吸食而尽。

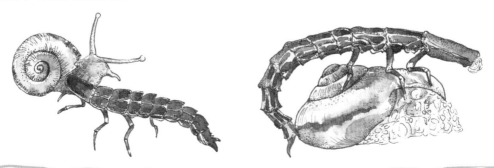

小区的夜晚也热闹

蜗牛和蛞蝓最喜欢在夜间活动，因此小小也特意选择在晚饭后出动。小区的路灯亮了起来，似乎还吸引了一些别的动物。

云动物一：飞蛾

透翅蛾和黄蜂长得很像。

蛾类和蝶类同属于鳞翅目。和白天出行的蝶类不同的是，蛾类喜欢在夜晚出行，它们有趋光性，常常在路灯下聚集。不论是蝶类还是蛾类，翅膀上都长着斑纹。在人们印象中，蛾类的色彩总是比较暗淡，而实际上，它们之中也有色彩艳丽的种类，比如透翅蛾和豹灯蛾。

豹灯蛾

我们总是看到蝴蝶在花丛里进进出出，勤劳地传授花粉。实际上，蛾的成虫也是传粉的高手。在传粉这件事上，鳞翅目的昆虫还有分工呢！白天行动的蝶类喜欢颜色鲜艳、香味清淡的花朵，尤其是黄色、红色的花。而夜晚出行的蛾类喜欢的是颜色淡雅却香味浓郁的花朵。

蛾怎么分辨雌雄呢？很简单，大多数雌蛾的翅膀都比较短小，有些甚至完全退化消失了，比如蓑蛾科、毒蛾科和一些尺蛾科昆虫。雄蛾的触角很大，像两片羽毛，而雌蛾的触角比较纤细，呈丝状。蛾在变成成虫几天后就会死去，在短短几天里，它们要找到配偶，产下它们的后代。

雌蛾

雄蛾

小小探索笔记——
蝶类蛾类大不同

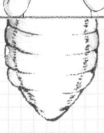

蛾的身体

蝴蝶的身体

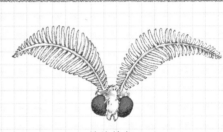

蛾的触角

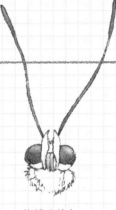

蝴蝶的触角

外观

①蛾类的身体看起来胖胖的，而蝶类的身体较为窄长。

②蛾类的触角大多毛茸茸的，比较大，尤其是雄蛾，触角呈羽毛状。蝶类的触角比较长，尖端略微膨大，总体呈线状。

形态

①静止时，蛾类常展开双翅，而蝶类会收拢翅膀。不过峡蝶科的蝴蝶比较特别，这类蝴蝶在休息时，会时不时拍打翅膀。

②蛾类有趋光性，而蝶类通常在白天活动，没有明显的趋光性。

发育

蝶类和蛾类都是完全变态型昆虫，不过蛾类幼虫会先结茧再成蛹，而大多数蝴蝶的幼虫则是直接化蛹，所以"破茧成蝶"在大自然里是很难见到的哟。

小常识

鳞翅目昆虫的幼虫就是我们常说的"毛毛虫"，它们大多以植物的叶子为食。

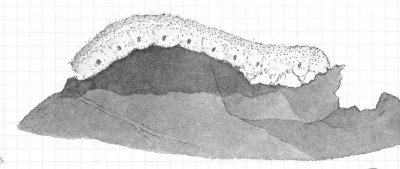

云力物二：苍蝇

夜晚的小区里除了能见到围着灯光飞的蛾子，还能看到掉入"陷阱"的苍蝇。小区里设置的捕蝇网底部放有托盘，里面摆了苍蝇爱吃的水果。上方的网兜设计成锥形。当苍蝇被食物吸引而钻进网兜，饱食一顿后，习惯性地向上飞，却只能撞在网兜的斜坡上。

中国突眼蝇

柑橘小实蝇

常见的苍蝇：

我们常说的苍蝇是蝇科昆虫——家蝇，身体呈黑色。还有一些苍蝇的长相比较特殊。

黑带食蚜蝇

苍蝇的食物

苍蝇时常飞舞着寻找它们眼中的"美餐"，不但有我们餐桌上的食物，更多的是腐烂的有机物，以及人类与动物的粪便。苍蝇还有一个特别的习惯：边吃边吐边排泄。它们的吐出物和粪便都可能携带病原体，污染它们接触过的食物。

小常识

苍蝇一旦停下，就喜欢"搓手"，这可不仅仅是为了清洁哟。苍蝇的脚部有味觉和触觉的感觉器官，当它们停在食物上时，就会搓动它们的腿来分辨食物。

超市里的
大自然

新鲜果蔬区

走出小区，小小跟随爸爸妈妈去超市。在超市里小小总能认识到不同的食材，这些食材也来自大自然。小小一家首先来到的是新鲜果蔬区，在这里总能看到各种鲜艳的色彩，小小要用"颜色"对果蔬进行分类。

它们是红色的

番茄和樱桃番茄：

番茄富含维生素和微量元素，尤其是维生素B、维生素C和胡萝卜素。妈妈常用来炒菜的是普通番茄，而我最喜欢吃小巧的樱桃番茄，也就是圣女果。

柿子　橙子　葡萄　苹果

红薯　芹菜　青菜　黄瓜　白萝卜　荸荠　藕

切开的西瓜：

　　西瓜有着皮球似的外表，一头连着长了白色茸毛的西瓜藤，西瓜藤属于匍匐茎，一棵藤上能结 3~5 个西瓜。切开西瓜，红色的瓜瓤让人充满食欲。

杨梅：

　　在吃杨梅前，爸爸都会把它们浸泡在盐水里。因为杨梅的果肉特别受小虫的欢迎，盐水不仅可以赶走躲藏在果子里的虫子，还能够提升杨梅的甜味。

樱桃：

　　大多数水果的外皮都比果肉颜色鲜艳，但大多数红色樱桃的果肉也跟果皮一样鲜红，而且有极强的染色能力。

白

草莓：

　　草莓果实属于聚合果，表面的一粒粒"小芝麻"是它的种子。它们原产于南美洲，漂洋过海来到中国，被培育出不同的品种。

它们是橙色的

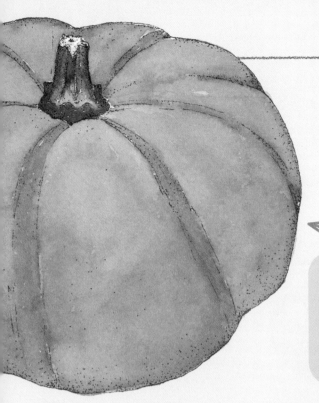

南瓜：

  南瓜和西瓜一样爬藤生长，在南瓜的分枝上能找到弹簧一样的卷须。南瓜的花朵是明黄色的，形状像个大喇叭。

哈密瓜：

  我国新疆哈密地区是哈密瓜的主要产地，哈密瓜也因此得名。那里的昼夜温差大，利于果肉里糖分的累积，所以哈密瓜吃起来特别香甜。

甜橙：

  球形的甜橙和橘子同属于芸香科柑橘属，但橘子的皮非常好剥，甜橙的皮却很难和果肉分离。

它们是黄色的

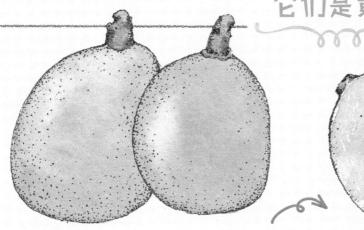

枇杷:

枇杷根据果肉的颜色可以分为白沙枇杷和红沙枇杷。枇杷的叶子长得很像一种乐器——琵琶，止咳药枇杷膏就是用枇杷的叶子制成的。

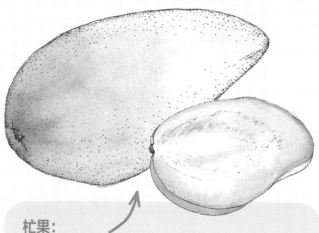

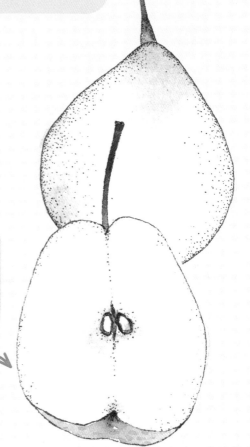

杧果:

金黄的杧果有容易引发过敏的物质，食用起来需要小心。杧果对温度和阳光的需求很大，适合生长在热带地区。

梨:

梨吃起来带有明显的颗粒感，这是因为它的果肉里有石细胞，能保护种子。

它们是绿色的

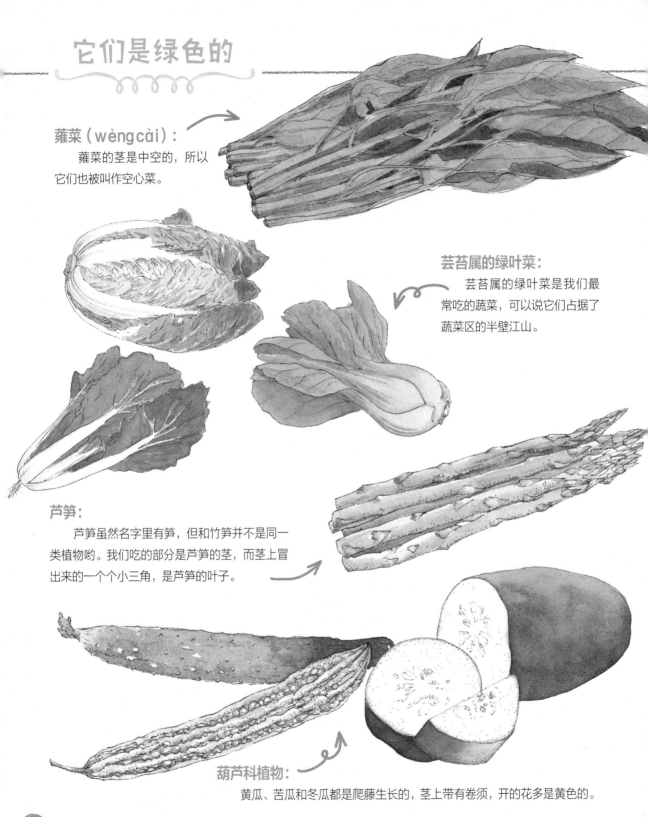

蕹菜（wèngcài）：
　　蕹菜的茎是中空的，所以它们也被叫作空心菜。

芸苔属的绿叶菜：
　　芸苔属的绿叶菜是我们最常吃的蔬菜，可以说它们占据了蔬菜区的半壁江山。

芦笋：
　　芦笋虽然名字里有笋，但和竹笋并不是同一类植物哟。我们吃的部分是芦笋的茎，而茎上冒出来的一个个小三角，是芦笋的叶子。

葫芦科植物：
　　黄瓜、苦瓜和冬瓜都是爬藤生长的，茎上带有卷须，开的花多是黄色的。

剥开的龙眼：

剥开龙眼，我们能看到亮亮的黑色种子，种子外面的白色假种皮就是我们食用的部分。

白萝卜：

我们吃的部分是萝卜的肉质根，藏在土壤里。露出地面的萝卜叶非常大，上面分布着白色的羽毛状叶脉。叶片的边缘呈波浪状。

它们是紫色的

葡萄：

葡萄既可以生吃果肉，也可以做成葡萄干，还能酿成葡萄酒。它和南瓜一样，有卷须状的茎。

茄子：

自然界中紫色的果实并不常见，茄子就是其中一种。茄子植株的叶、茎、花柄上都覆盖着茸毛，紫色果实是我们食用的部分。茄子不仅果实是紫色的，花也呈淡紫色。

它们是棕色的

猕猴桃：

　　猕猴桃的果皮覆盖着一层短毛，果肉中能见到黑色的小种子。你知道吗？它其实原产自中国，后来被引入新西兰，也有了一个新的名字——奇异果。

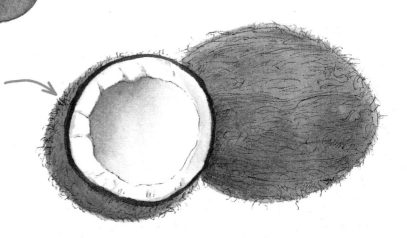

马铃薯：

　　马铃薯也叫土豆、洋山芋，它是一种外来作物，原产于美洲，是当地的重要主食。我们吃的部分是它的块状茎。马铃薯还富含淀粉，能提取出来制作调味品。

椰子：

　　椰子的壳很厚实，可以用来制作生活用品或是当作建筑材料。白色的果肉实际是椰子的胚乳，它可以为种子提供营养，好喝的椰汁就储存在胚乳的空腔内。

栗子：

　　栗子的果皮坚硬，在坚果外面还有长着绿色长刺的总苞。一般一个总苞里能生长 1~3 枚坚果。

小小自然笔记——植物果实知多少

① 果实有什么作用?

植物的果实里藏着种子,它不仅能保护种子,还能传播种子呢。当果实成熟,能够吸引小动物采食,不能被消化的种子就被动物们带到更远的地方,排泄到体外。还有的果实成熟后会爆裂开来,像弹弓一样把内部的种子发射出去,自然就播种到了泥土里。

② 果实是怎么长出来的?

植物完成授粉后,花萼、花瓣和雄蕊、雌蕊会先后凋零。接着,雌蕊下部的子房会发育膨大,变为果实。不过,也有的果实不单是由子房发育而来,还包含了花的其他部分,如花萼、花托等。

③ 果实长什么样?

我们吃的水果大多来自植物的果实,切开它们之后,我们就能清楚观察到内部结构。仅由子房发育而成的果实叫作真果,真果很明显能分出外、中、内三层果皮。另一些包含花萼、花托等一起发育膨大的果实就叫作假果。

苹果的生长过程

真果

真果的中果皮大多指的是果实中可以吃的部分，也就是"果肉"，比如桃子、李子等。但橘子比较特别，它的中果皮在成熟后会变干收缩，变成白色"经络"。我们吃的橘子瓣儿其实是它内果皮的汁囊。

橘子坚实的外果皮具有蜡质，可以保护果皮。

内果皮保护着内部的胎座，也就是孕育种子的"房间"。有的果实内果皮有着厚壁，形成了果核，比如桃子、李子；也有的果实内果皮很薄，里面的胎座也成了果肉的一部分，比如番茄、猕猴桃。

假果

苹果和梨是典型的假果。苹果有上下两头，一头是柄，另一头看上去像长着一朵小花，那是曾经的花萼。此外，苹果的种子也能在苹果内部找到哟！假果的果皮分层没有那么明显，我们吃的部分也各有不同。比如苹果和梨的果肉由花筒发育形成，而草莓的果肉是花托发育而来的。

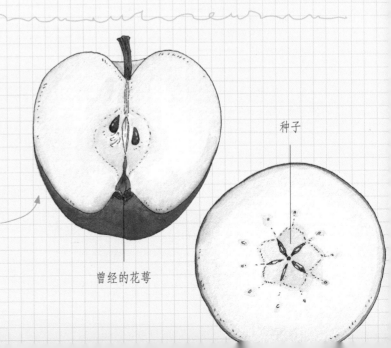

种子

曾经的花萼

④果实有哪些种类？

单果：一朵花里的一个雌蕊的子房或者其他部分发育而成的果实，叫作单果。

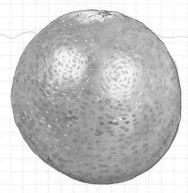

单果中果肉多汁的种类是肉果，如桃子、梨、橘子等。

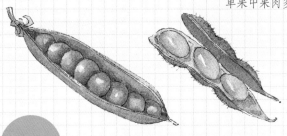

单果中成熟后果皮会干燥并开裂的，叫作干果，如板栗。

聚合果：多个小单果聚集在一起形成的是聚合果，比如草莓、莲蓬。

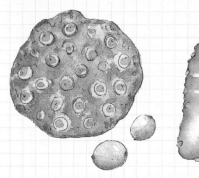

复果：和聚合果有点儿相似的复果，是由整个花序发育出的果实，比如桑葚、菠萝。

海鲜水产区

来到海鲜水产区，小小被一排排大鱼缸和铺满冰块的柜台吸引了。海鲜水产区最多的就是各种各样的鱼了，这些鱼的身上又有哪些秘密呢？

鱼嘴各不同

你知道吗？动物们一路演化发展，直到鱼类的出现，才第一次有动物长出了上、下颌。拥有灵活的颌部，不仅改变了动物的外表，更提升了它们主动摄取食物的能力，让生存变得更加轻松。再看看鱼儿微张的嘴巴吧，可不要再嫌它们看起来傻傻的了。

鲢鱼

鳙鱼

青鱼

鱼儿们的嘴长的位置也不同，大致可以分成上位口、端位口、半下位口和下位口4种类型，这与它们的生活方式、取食方式有关。

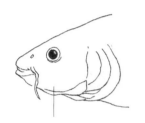

端位口

上位口

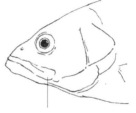

半下位口

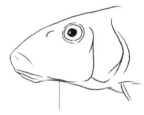

下位口

端位口：

大多数鱼的嘴长在头部正前方，上、下颌几乎一样长，属于端位口。比如鲤鱼、鲫鱼。

上位口：

拥有上位口的鱼，嘴巴微微上翘，一般生活在水中的中上层区域，如鲢鱼、鳙鱼。

半下位口：

拥有半下位口的鱼生活在水中的中下层。

下位口：

下位口的鱼常在水域底层生活，比如青鱼。其中有些还会从淤泥中搜寻食物，比如泥鳅。

背鳍

胸鳍

尾鳍

臀鳍

腹鳍

鱼鳍能让鱼儿在水里快速行动，还能前往任意方向，这是怎么做到的呢？胸鳍、腹鳍、背鳍、尾鳍和臀鳍，这5个位置生长的鱼鳍分别承担不同功能，合作使鱼体游动。胸鳍主要控制平衡、调整方向。臀鳍和腹鳍负责稳定身体、控制升降。背鳍一般用于突然改变方向。尾鳍则像船舵，既能控制方向，又能提供前进动力。

原型尾

歪型尾

正型尾

在5种鱼鳍中，尾鳍在不同鱼里的外形差异最大，一般有3种类型：原型尾、正型尾和歪型尾。刚孵化的鱼宝宝尾鳍多是原型尾，鲨鱼的尾鳍属于歪型尾，而鲤鱼的属于正型尾。

小常识

弹涂鱼的胸鳍特别有力，甚至可以撑起自己，在陆地上移动，看起来就像用腿在行走，所以它们又被叫作"跳跳鱼"。

水缸里的鱼大多数时候都会悬停在一个高度，静止不动，就像魔术师表演腾空站立。在这场"表演"里，鱼除了鳍和肌肉，还需要一个"小助手"，它就是鱼儿内部的一个结构——鱼鳔（biào）。鱼鳔有个更通俗的名字——"鱼泡泡"。

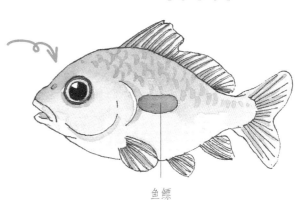

鱼鳔

上浮

要悬停在一个地方，鱼儿首先要拼命地游到想停留的位置。然后，如果要下沉，就需要收缩鱼鳔，如果要上浮，就需要鼓起鱼鳔，让身体内部和外部的压力平衡。

下沉

小常识

当鱼下沉得过深时，外界巨大的压力会使它无法再调节鱼鳔，这时它可能会因为无法呼吸而溺死。

鲨鱼是没有鱼鳔的哟，不过它们的肝脏很大，能占自身体积的四分之一呢。肝脏内含有的大量油脂能帮助它们保持部分浮力。另外，鲨鱼也会依靠胸鳍的摆动来保持浮力。

小小探索笔记——
神奇的内外压力实验

还记得小小之前做过的让鸡蛋浮在盐水上的实验吗？还有什么方法能让鸡蛋浮在水面上呢？今天在妈妈拆快递的时候，聪明的小小发现快递箱里有一个气泡袋……

准备工具：牙签、快递箱内的气泡袋（或是吹满气的塑料袋）、1枚鸡蛋、一盆水。

操作步骤

1. 把气泡袋放在水面上，在袋子上放1枚鸡蛋。这时候的气泡袋里充满空气，能够稳稳地把鸡蛋托起。

2. 用牙签扎破气泡袋，鸡蛋就会和袋子一起下沉。

实验原理

气泡袋破裂后，内部压力下降，远低于外部压力，因此脆弱的气泡袋无力支撑表面的重物，沉入水中。

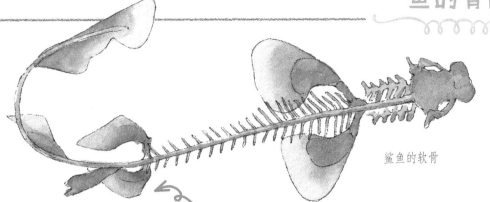

鲨鱼的软骨

鱼类是比较低等的脊椎动物，脊椎的支撑使它们的运动能力提升了许多。根据骨骼的不同，鱼分为硬骨鱼和软骨鱼两种。硬骨鱼（如常见的经济鱼）长着完全钙化的坚硬骨头，而软骨鱼全身只有软骨，如生活在海洋的鲨鱼和鳐。

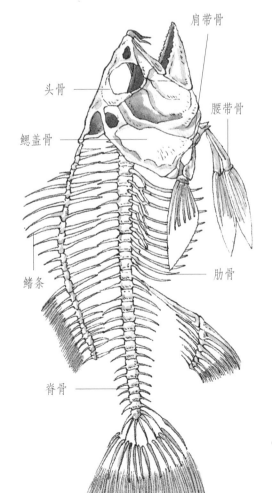

吃鱼的时候，我们可以清楚地看到鱼的骨骼，最明显的特征是它们拥有中轴骨。中轴骨包括头骨和脊骨，它们支撑着鱼儿的身体。我们不仅能从鱼儿的骨骼看出它们的种类，还能用一些骨片鉴别出它们的年龄。

脊骨：是鱼最明显的骨头。

肋骨：肋骨只覆盖了腹部的一半，有刀片一样的形状。

头骨：头部的骨头形状、大小都不一样，片数很多，有前颌骨、围眶骨等。

鳃盖骨：由3～4块骨片组成。

带骨：有肩带骨、腰带骨等。

鳍骨：鳍骨上一条条耸立的叫鳍条，有的鱼的鳍骨为棘刺。

小小探索笔记——常见的贝有什么?

常见的蛤蜊

—— 花蛤

超市的海鲜水产区除了各种鱼还有许多贝呢,来看看小小找到的各种贝吧。

—— 毛蛤

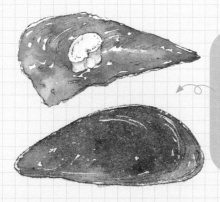

贻贝:我们吃的干贝是贝壳里的一块白色的小肉,那其实是它们的闭壳肌。

—— 文蛤

牡蛎:牡蛎的外壳形状很不规则,远看很容易被误认为是一块礁石。

近江牡蛎

湛江牡蛎

长牡蛎

大连湾牡蛎

贝壳里为什么会有珍珠?

在贝生长的过程中,有小的颗粒物或比较硬的生物进入了它们的外套膜,它们为了抵抗外部的刺激,不断分泌珍珠质将颗粒包裹起来,日积月累就成了珍珠。

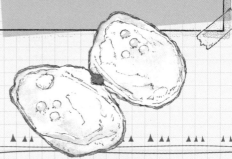

了解了鱼儿游泳的秘诀之后，小小脑海中冒出了几个问号。

小小的疑惑一

为什么抓鱼的时候，鱼总会滑走？

这要说一说鱼的皮肤衍生物了。黏液腺就是其中的一种，它能够分泌黏液，让鱼的身体摸起来滑溜溜的。这层黏液可以减少鱼体在水中的摩擦力，让它们能节省体力，游得更快，还可以为鱼体抵挡外界的病菌和病毒。此外，鱼鳞、色素细胞、毒腺等都是鱼的皮肤衍生物。

小小的疑惑二

为什么鱼离开水，就会死亡？

鱼儿和我们有不同的呼吸方式。鱼的呼吸器官是鳃，里面分布着毛细血管。水流经过鱼鳃，这些毛细血管能进行气体交换，获取氧气。当鱼离开水之后，鱼鳃暴露在干燥的空气中，使得其内部的结构被破坏。原本进行气体交换的器官无法正常运作，鱼儿就缺氧死亡了。

鱼到底是产卵，还是直接生出小鱼呢？

鱼的繁殖方式很多，有卵生、卵胎生和假胎生。以鲨鱼为例，有些鲨鱼宝宝就是直接从母体内脱离出来的，这似乎和胎生的哺乳动物一样。其实，鱼儿的胎生和哺乳动物的胎生方式是有差别的。

猫鲨

卵生：
卵生的鱼会把鱼卵产在水中的沙石中或是植物上。这些鱼卵并不在母体内发育，全部的营养都来自卵本身。

卵胎生：
卵胎生的鱼宝宝虽然也是从卵中获取营养，但不会提前被妈妈排出体外。直到它们发育成熟了，才会离开母体。

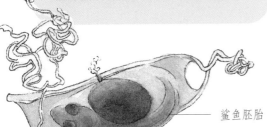

鲨鱼胚胎

白斑角鲨

假胎生：
假胎生的鱼更加特别。在发育前期，宝宝们获取营养的方式和卵胎生相同，但后期宝宝可以直接从母体获取营养，直到发育完全，从妈妈肚子里出来。

柠檬鲨

卵胎生和假胎生的鱼，都会直接产下鱼宝宝，而不是鱼卵。

小小探索笔记——它们是鱼吗?

小小想起自己认识的一些生活在海洋里的动物，它们长得很像鱼，但好像又和鱼有些不一样。

① 海马是鱼吗?

海马是鱼，属于刺鱼目海龙科。

海马虽然长得不像一般的鱼，但仔细看，它们拥有所有鱼的基本特征。它们用鳃呼吸，长着成对偶鳍，体表的鳞片被骨板代替。它们的嘴巴开口很小，向前突出呈管状。

② 乌贼是鱼吗?

乌贼不是鱼，它属于软体动物门头足纲。

乌贼身上最显眼的"帽子"并不是它们的脑袋，而是它们的躯干。另一头的触手是乌贼的腕足。它们的脑袋则藏在躯干和腕足的中间，非常小。

③ 海蜇是鱼吗?

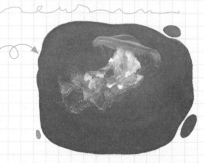

海蜇不是鱼，而是一种腔肠动物。

海蜇的成长史非常复杂。经过一段时间发育成浮浪幼虫。幼虫生活一段时间之后，会依附在海中的植物上，变成螅状幼体。接着它们再分裂成像小盘子一样的钵口幼体，然后横裂出碟状幼体，成为成熟的海蜇。

小常识

乌贼会喷墨，这些墨汁中含有可以麻痹天敌的生物碱，让它们有时间逃脱。

小小探索笔记——它们是动物吗？

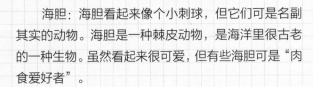

记录着水产区看到的各种生物，小小想到了一些生活在海洋里的不太像动物的动物们。

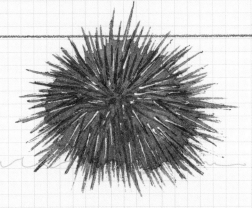

海胆：海胆看起来像个小刺球，但它们可是名副其实的动物。海胆是一种棘皮动物，是海洋里很古老的一种生物。虽然看起来很可爱，但有些海胆可是"肉食爱好者"。

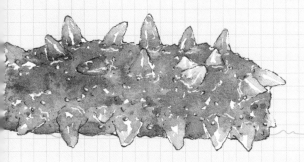

海参：海参也是一种棘皮动物，看起来柔软无害的海参其实身体带有毒素，还会散发特殊的气味，这是它们在海洋里的生存秘诀。

海星：这种美丽的海洋生物也是棘皮动物家族的成员之一，大多数海星都有 5 条腕。它们的嘴巴在哪里呢？如果把海星翻过来，你会看到它们嘴巴就在身体的中央。

珊瑚虫：珊瑚虫像花朵一样色彩绚丽，十分美丽。它们是一种腔肠动物，构造很简单，喜欢群居，它们会把骨架相互连接起来，组成大片的珊瑚。

红珊瑚：珍贵的红珊瑚就是珊瑚虫的骨骼，它们颜色像火焰般赤红，受到收藏家们的追捧。

肉类区

人们为了满足日常饮食需求，会养殖猪、牛、羊等家畜。在我国的夏商时期，就已经有了豢养动物的记载，那时候驯养的动物有：马、牛、羊、鸡、狗和猪。这些动物有些帮助人们做事，有些可以食用，为我们提供营养。

牛

水牛

牦牛

奶牛

黄牛是指我国本土的牛，大多数体色为棕黄色，但也有其他毛色。

① 角的秘密

　　牛的角属于洞角，这种角的基部和动物自身的皮肤相连，终生都不会脱落，也不会分叉生长。雄性的牛和羊都长着一对洞角，有些雌性也会长短小的洞角。

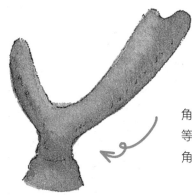

　　另一类长角的动物——鹿，也大多是雄性长有一对角。不过它们的角属于实角，是骨质的结构。初长时，角上覆有皮肤，摸起来是温热的。等鹿角长成，皮肤就会脱落。每年，雄鹿都会找一个隐蔽的角落脱去旧角，重新长出新角。

　　动物界里还有一个特例。长颈鹿的角既不是洞角，也不是实角。每只长颈鹿头上都有 2~3 个角，这些角终生不会脱落，而且有皮肤保护着。

② 蹄的秘密

　　哺乳动物可以分为偶蹄目动物和奇蹄目动物。一般来说，生活在陆地上的偶蹄目动物都有四根或两根脚趾，奇蹄目动物的脚趾数则大多是单数。

牛蹄　　　　　羊蹄　　　　　马蹄

牛、羊和猪属于偶蹄目动物，较明显的两个脚趾分别是第三趾和第四趾，用于行走和负重。而马蹄除了第三趾外，其他的趾头都明显退化或消失了，属于奇蹄目动物。

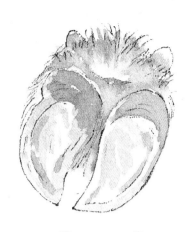

小常识

牛、羊的第一趾已经退化，第二趾和第五趾也已经消失。

③胃的秘密

牛是一种食草动物，能够从难以消化的纤维质饲料里获取营养，这离不开它们消化力极强的器官——反刍（chú）胃。它是怎么消化草料的呢？

食物被牛吃进嘴里之后，首先到达巨大的瘤胃，在这里食物会初步分解成较粗大的颗粒，然后返回牛的口腔，进行二次咀嚼。这下，食物就变成了更小的碎末，它们经过瘤胃和网胃，再次得到分解，进入瓣胃，脱去水分，最终抵达能够分泌胃液的皱胃。这一过程中，食物中没有被充分消化的部分，还会多次被送回口腔咀嚼。

这种消化方式叫作反刍，而用这种方式进食的动物叫作反刍动物。大多数食草的偶蹄目动物是反刍动物，比如牛、羊、骆驼、鹿和长颈鹿等。

猪

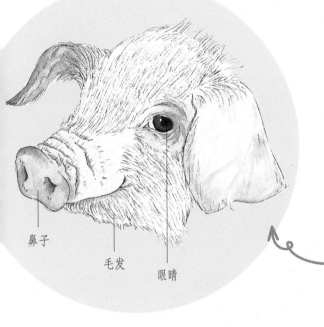

鼻子

毛发

眼睛

① 鼻子的秘密

　　家猪最大的特征就是鼻子又大又圆。鼻子能够帮助呼吸，也可以感知气味。猪鼻子对气味的感受十分敏锐，人们还会利用猪搜寻珍贵的食材黑松露呢。

② 毛发的秘密

　　猪的粉色皮肤常让人忽略了它们还披着一层又粗又硬的毛。公猪的脖子背侧还长有鬃毛，又硬又长。过去人们常用猪鬃毛制作毛刷。

③ 眼睛的秘密

　　在家畜中，猪的瞳孔是和人类最相似的，圆圆的黑眼珠看起来十分可爱。

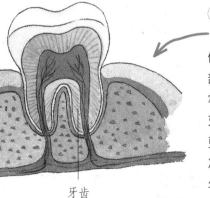

牙齿

④ 牙齿的秘密

　　猪的牙齿和我们的也很像，都属于槽生牙。牙齿基部完全被牙龈包裹着，十分牢固。哺乳动物一般都有乳牙和恒牙，随着成年，乳牙更换为恒牙，一生只更换一次。猪有 44 颗恒牙，而成年人有 32 颗恒牙。

小常识

牙齿上的釉质是哺乳动物体内最坚硬的部分。

奶制品区

小小很爱喝牛奶，每次去超市都会去奶制品区挑选牛奶。但他总有一个疑问：为什么人类可以喝牛奶呢？

一切从哺乳动物开始

哺乳动物是动物界里进化得最复杂的一个群体。顾名思义，哺乳动物有一个最大的特征，就是用乳腺分泌的乳汁来喂养后代。牧场上的动物是如此，我们人类也是如此。妈妈们的乳汁里不仅包含了幼崽成长所需的水分和营养物质，还有能抵挡外界病菌、病毒的抗体和免疫球蛋白。

不同动物的乳汁

① 牛、羊：

　　牛奶、羊奶的成分和人类的很接近，在成分上适合人类，而且方便获取，因此成了许多人补充营养的选择。

② 鲸：

　　生活在海洋里的鲸，需要借助大量脂肪在海水中维持体温，保障能量供应。它们的乳汁中的脂肪含量非常高，是牛、羊奶的 5 倍。

③ 原始哺乳动物：

　　有一些原始的哺乳动物，比如鸭嘴兽和针鼹，仍然是产卵孵化幼崽。它们的宝宝破卵时，妈妈们早已准备好乳汁哺育它们了。

美味的乳制品

　　冷藏柜里还出售黄油和奶酪，小小想弄清楚它们到底是怎样制成的。

黄油制作

1 不断搅拌鲜牛奶，然后静置，使牛奶中的脂肪初步分离。

2 放入机器震荡，使牛奶中的脂肪彻底分离结块。

3 重复几次分离的操作，就可以提炼出牛奶中的油脂，即黄油。

无盐黄油

含盐黄油

奶酪和黄油的制作过程很像，但由于有菌参与发酵，奶酪比黄油多了一些酸味。

奶酪制作

1 对鲜牛奶进行灭菌处理。

2 加入发酵菌静置，牛奶会变得像酸奶，乳酸开始形成。

4 蒸干乳酸块中的水分，奶酪就可以食用了。

3 等乳酸凝结成小块，过滤掉其中的乳清。（加入凝酸剂可以加快乳酸凝结。）

小常识

有些奶酪发酵的过程中，会加入霉菌使口感更加浓郁，比如著名的蓝纹奶酪。不过，不是所有人都能接受它们浓重的气味。

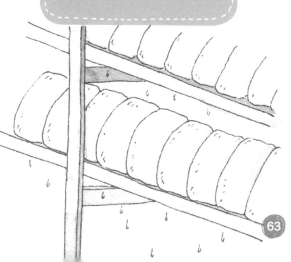

菌类区

小小回头看购物车，发现妈妈放进了一盒蘑菇。这是她从放满蔬菜的货架拿来的，不过蘑菇并不是植物家族的成员。你知道它们是什么生物吗？

菌菇不是植物，也不是动物。它们在自然界里有单独的分类——真菌。真菌几乎遍布全世界，尤其喜欢温暖和潮湿的地方。我们日常食用的菌主要来自担子菌亚门，并被统称为菌菇。

平菇

香菇

鸡腿菇

杏鲍菇

金针菇

① 菌菇的结构

菌菇的外形千姿百态，但主要结构可以分成两部分：菌丝体和子实体。菌丝体位于菌菇生长的基质里，承担着供应养分的重任。子实体就是我们吃的部分，大多食用菌菇的子实体都像一把小伞。子实体负责的是释放种子，繁育后代。

② 随风飘散的小种子

当一个菌菇成熟后，能够释放出几十亿颗叫作孢子的小种子。孢子凭借风力传播，掉落到适合它们生长的地方"生根发芽"，形成菌丝体。菌丝体获取了足够的养分，就会发育出子实体，继续新一轮繁殖。

孢子

子实体

③ 真菌"养殖员"白蚁

白蚁是"养殖"真菌的高手。白蚁巢中常会生长真菌，白蚁从菌丝体中获取营养，同时蚁巢中又有大量的微生物，为真菌的生长提供良好环境。白蚁还会特意将真菌喜欢的土壤带回巢穴。在白蚁的巢穴中，真菌的"养殖基地"被安排在了一块特定的区域，就像农田和菜圃一样。

菌丝体

小贴士

并不是所有真菌都可以食用。其中有很多种类一旦被误食，甚至可能致人死亡。如果我们在野外发现不知名的真菌，千万不要随意触碰和采摘。

日用品区

来到超市，小小一家人一定会采购上一些日常用品。你发现了吗？日用品里也藏着大自然的作品呢。

神奇的海绵

① 海绵是动物？

长着小孔的海绵，不仅能用来制作清洁工具，还能用于美容用品和绘画用品的生产。它们摸起来柔软又有弹性，可是海绵到底是什么东西呢？

其实，天然海绵的原材料来自动物哟！海绵是生活在海洋里较低等的动物，看起来似乎更像植物。它们属于多孔动物门，身体表面有很多小孔，水中的氧气和养分都从这些小孔进入它们体内。

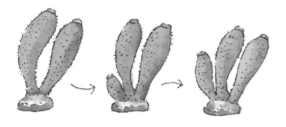

② 海绵是怎么繁殖的呢？

海绵有无性生殖和有性生殖两种繁殖方式。其中一些种类通过自身的出芽，就能够繁育出下一代。像海绵这样的低等动物，都拥有强大的再生能力。它们的身体受到损伤之后，能够复原再生。如果把海绵切开，每一部分都能独自长成新的个体，继续存活下去。

③ 海绵是房子？

有一种海绵叫"偕老同穴"，是六放海绵纲的一类动物，身体呈长管状，骨骼（骨针）像一圈网兜。对于生活在深海的俪虾夫妻来说，这种海绵是天然的好"房子"。于是人们经常能见到这种海绵的管腔里居住着一对俪虾，"偕老同穴"也因此得到这个美丽的名字。

万能的竹子

在超市的日用品区，小小还看到了家里经常用到的牙签和折扇。这些常用的物品，大多数是由竹子制成的。

竹子是一种禾本科的植物，拥有独特的外形。它们的茎由许多木质细胞组成，就和树木一样，主干十分坚硬。

① 竹子的地下茎

竹子长有发达的地下茎，它们在地下横向生长，被称为"竹鞭"。竹鞭的生长能力很强，在地下默默地为竹子储藏和输送养分。

② 竹子的地上茎

竹子的地上茎就是竹秆，上面有明显的分节，每一节的内部都是中空的。这让竹料不仅拥有一定的强度，还有一定的韧性。

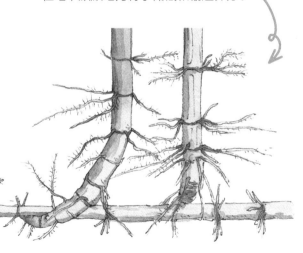

③ 美味的春笋

竹子生长的速度非常快，在早期呈竹笋的形态。它们通常在春天苏醒，萌发新芽。因此，嫩嫩的春笋也成了人们餐桌上的一道时鲜。

小小探索笔记——
日用品变身艺术品

用海绵和牙签这两种常见的日用品，就能做出特殊的绘画作品。跟小小一起试试看吧。

①海绵印章

材料：海绵、彩色墨水、粗细不同的木棒、白纸。

过程：将海绵剪成不同形状和大小，与木棒连接。用海绵蘸取彩色墨水，按压到纸上，就能印出大小不一的形状。

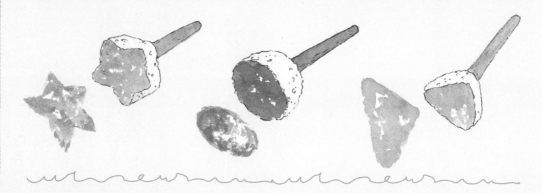

②牙签水墨画

材料：牙签若干、油性颜料、水盆、白纸、清水。

过程：在水盆里倒入足量的水，在水中加入不同颜色的油性颜料，再用牙签将它们随机混合起来。将纸张覆盖在水面上，快速印染，就能得到不同图案的水墨画。

公园里的大自然

花草树木篇

到了周末，小小一家会去公园拍照、散步、沐浴阳光。公园是一个可以和大自然亲密接触的地方。一年四季，公园里的景色都不同。这一幅幅风景画的主角是颜色、高矮、气味各不相同的花草树木。

合欢：

合欢夏季开花，呈头状花序排列，淡红色的花丝非常长，看起来就像蒲公英。合欢树到了夜晚或是遭遇恶劣的天气，就会把叶子闭合起来，保护自己。

山茶花：

山茶的树叶质地有些厚，花瓣呈覆瓦状排列。开花时露出发达的雄蕊，一般都能在花心处排上好几轮。大多数观赏性山茶花为重瓣，开放时层层叠叠，好看极了。

含笑：

含笑这个名字听起来就很含蓄。它们的花开得最旺盛的时候，花瓣也只是张开一半。含笑一般在春季开放，花瓣呈淡黄色，质地厚，香气十分迷人。

樟树：

樟树也叫香樟，因它们身上散发的独特气味而得名。你一定知道樟脑丸吧，用樟树的木料和树根就可以提取出樟脑成分，制成的樟脑丸能够防霉驱虫。

杨树：

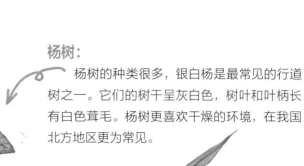

杨树的种类很多，银白杨是最常见的行道树之一。它们的树干呈灰白色，树叶和叶柄长有白色茸毛。杨树更喜欢干燥的环境，在我国北方地区更为常见。

垂柳：

垂柳常栽种在河道两岸，它们的枝条细长，能够像发丝一样下垂。垂柳不仅颜值很高，生命力也很强，在全国各地都能见到它。

羊蹄甲：

羊蹄甲是我国南方比较常见的行道树之一。它的名字和叶子的形状有关，羊蹄甲叶子的尖端开裂回缩，形成羊蹄的形状。它们的花很大，花瓣呈覆瓦状排列。

榉树：

榉树的木质坚硬，又有很好的耐水性，常用来制作家具。它们的叶片摸起来比较粗糙，边缘长有锯齿。

三球悬铃木：

三球悬铃木就是我们常说的法国梧桐，它们也是一种常见的行道树。它们的叶子很大，呈巴掌形。果实长着咖啡色茸毛，成熟的季节里，四处飞舞的茸毛给行人带来不少困扰。

银杏：

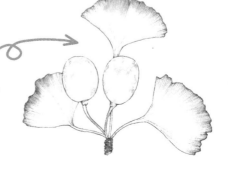

银杏叶的辨识度很高，呈扇形，入秋后会变成金黄色。银杏的种子也叫白果，成熟时果实外皮覆有白色蜡粉。

公园里总有一些植物的枝干、花色和外形十分相似，就连开放的时间也差不多。但只要耐心观察，你总能发现它们的不同。

花：

桃花先开花后长叶，花为单生，一个侧芽只开一朵花，没有花柄。

观赏性樱花的花朵多是重瓣的，花瓣大多会有一个小缺口，花柄较长。

杏花花朵为单生，先于叶子生长，花瓣白中透红。

梨花呈伞房花序排列，花瓣通常只有白色，花柄很长。

叶子：

桃花的叶子狭长，边缘有锯齿，叶柄较短。

梨花叶片为椭圆形，叶柄较长。

杏花叶片呈鸡蛋形，底部比较圆。

樱花叶片的顶部比较尖，边缘有锯齿，叶柄较短。

小小观察笔记——花瓣的排列

各种各样的花朵除了花冠的形状不同，仔细观察，它们花瓣的排列方式其实都各不相同哟。

花瓣排列的方式在开花初期观察比较明显。到了后期，花瓣十分舒展，很难分辨排列方式。

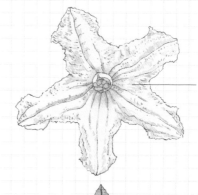

南瓜的花

镊合状：
花瓣整齐地围成一个圈，不相互重叠。

茄子的花

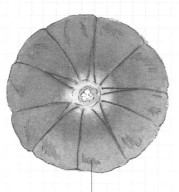

牵牛花

夹竹桃的花

旋转状：
花瓣前一片覆盖在后一片的边缘，依次重叠。这种花瓣在花朵还未完全开放时看得最清楚。

覆瓦状：
花瓣中有一片或两片的两侧边缘都被另一片花瓣遮盖。

油菜花

通过四季的公园之旅，小小发现有的树木一年四季都长着绿绿的叶子，而有的树木到了秋、冬天就失去了树叶的装扮。四季都挂有绿叶的植物被称为常绿植物，而在某些气候或季节里叶子会全部凋零的植物被称为落叶植物。

叶子的基本形状

披针形（垂柳叶）

圆形（荷花的叶子）

椭圆形（樟树叶）　　　三角形（荞麦叶）

卵形（扶桑叶）

叶尖的形状

锐尖（桑叶）

钝尖（大叶黄杨）

骤尖（山茶叶）

戟形（鹅掌楸）

心形（羊蹄甲）

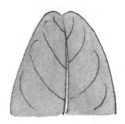

微凹（刺槐）

叶子的边缘

平整的全缘
（樟树叶）

牙齿状
（杨树叶）

波浪状
（白菜叶）

锯齿状
（玫瑰花的叶子）

掌状（枫叶）

叶脉纹路

平行脉
（芭蕉叶）

羽状脉
（枇杷叶）

扇形脉
（樟树叶）

平行三出脉
（银杏叶）

小小探索笔记——
叶子工艺品

叶脉书签：

1. 选择质地较硬的树叶，如石楠、菩提等植物的叶子。简单清理表面尘土。

2. 把叶子浸泡在碱性溶液中，小火煮至溶液颜色变深。叶肉初步剥落后，还可以在溶液中加入水性颜料。

3. 取出染色的叶子，用牙刷轻轻刮落残留的叶肉组织。

4. 稍稍晾干叶子，把叶子夹进书中成型。

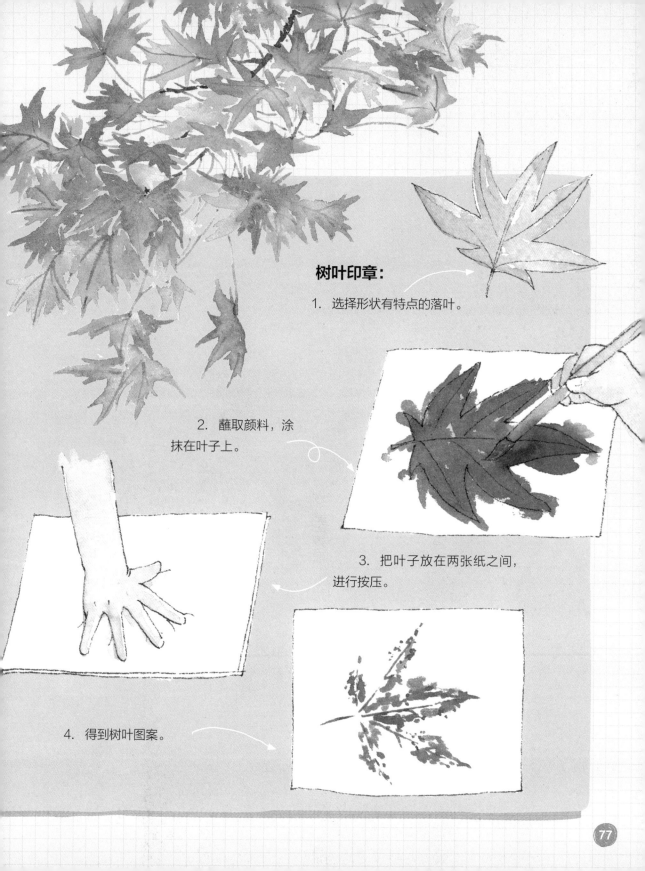

树叶印章：

1. 选择形状有特点的落叶。

2. 蘸取颜料，涂抹在叶子上。

3. 把叶子放在两张纸之间，进行按压。

4. 得到树叶图案。

动物篇

公园也是小动物们的家园，小小在公园里能听到鸟儿歌唱、虫儿鸣叫，还有小动物翻找食物的声音和夜晚池塘里青蛙的求偶声。

公园里的鸟

鸟儿是一种对季节非常敏感的动物。当春天来临，每天的光照时间开始变长了，自然中的植物也开始恢复活力。这一切都刺激着鸟儿的神经系统。它们会挑选适合繁殖的地点，其中很多都需要长途跋涉才能抵达。

家燕习惯在曾经筑巢的地方繁殖，所以每年春、夏季都会飞往固定的繁殖地。像家燕这样季节性迁徙的鸟叫作候鸟。

"小燕子穿花衣，年年春天来这里。"为什么儿歌里的小燕子每年春天要回到同一个地方呢？

还有一些公园里常见的鸟不迁徙，而是终生居住在同一个地方，比如小麻雀、乌鸦、喜鹊等。这样的鸟叫作留鸟。

喜鹊

麻雀

家燕

进入繁殖的季节，当鸟儿成功配对，要做的第一件大事就是筑巢了。鸟儿筑巢可不光需要准备材料，首先要对筑巢的地方进行一番"考察"：

1. 周围能找到充足的食物。
2. 没有过多的其他鸟"邻居"的打扰。
3. 能避开天敌的侵扰。

鸟巢类型

地面营巢：

　　一些在陆地或者水边生活的鸟大多在地面上筑巢，比如丹顶鹤、蓑羽鹤等。和其他种类相比，它们的巢看起来没有什么技术含量，只是把草围得略高于地面。

水面营巢：

　　一些水禽会在水面上搭建一个漂浮的巢，比如大天鹅的巢。因为这些巢并不固定在某处，所以不怕河水的涨落。

洞穴营巢：

　　一些热带雀鸟、攀禽和猛禽常在树洞或是山崖的石缝里建巢，比如鹦鹉、七彩文鸟等。城市中比较常见的是鸳鸯筑的巢。

编织巢：

　　大多数雀鸟会编织精巧的鸟巢，它们用的材料也不仅限于植物、泥土和羽毛，有时候还会捡拾人类的生活用品，比如塑料勺、纽扣、绳子等。织巢鸟和缝叶莺是它们中最厉害的两位成员。

公园里的昆虫

喜鹊、白头鹎、麻雀、斑鸠等鸟儿都选择在公园筑巢繁殖，其实植物们也吸引了不少帮助它们繁殖的"小精灵"呢。

会传粉的昆虫：

　　许多植物都借助昆虫来传粉，它们大多拥有鲜艳的花冠和特殊的香气。被花卉吸引过来的昆虫不止有蝴蝶和蜜蜂，蛾类、蝇类和蚁类等都喜欢采食花蜜。当它们在花丛间饱餐的时候，花粉颗粒就沾到了它们身上。它们带着花粉离开的路途中，就会把这些颗粒撒落在不同的花蕊上，花儿也就完成了授粉。

枯叶蛱蝶

琉璃灰蝶

白弄蝶

波纹眼蛱蝶

稻眼蝶

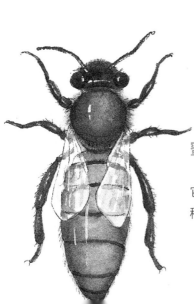

绿灰蝶

有分工的昆虫：

　　大多数昆虫采蜜后会吃进肚子里，但蜜蜂还会把蜜带回蜂巢储存起来。不仅如此，蜜蜂的群体分工明确，各司其职，就像一个小社会。类似的生活方式还出现在胡蜂科、蚁科等昆虫的群体中。

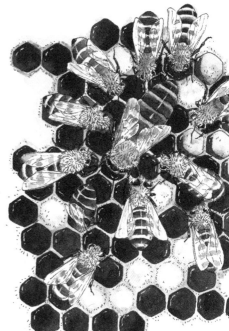

蜜蜂社会：

　　蜂王（蜂后）：蜜蜂社会的领袖是一只具有生育能力的雌蜂，它的个头儿也是最大的。它所产下的卵分为受精卵和未受精卵两种。受精卵会发育成工蜂或蜂王，未受精卵会发育成雄蜂。

雄蜂：每年蜂王只会和一只雄蜂交配一次，雄蜂在交配完成不久后就会死去。春天，蜂王和雄蜂会飞出蜂巢进行交配，没有吸引到蜂王的雄蜂会继续在蜂巢"蹭吃蹭喝"，不过很快工蜂就会把它们赶出蜂群。

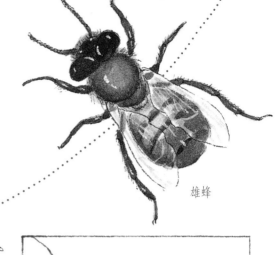

雄蜂

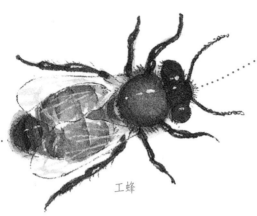

工蜂

工蜂：工蜂都是没有生育能力的雌蜂，它们是蜜蜂社会中最勤劳的成员，个头儿最小。它们的工作内容五花八门：外出采集花蜜和花粉、在巢室里酿蜜喂养蜂王和幼虫、打扫巢室、保卫蜂巢……

蜜蜂的秘密武器

蜂王和工蜂腹部末端长着毒刺，这是保卫蜂群的秘密武器。对于其他小型昆虫来说，使用这个武器并不会让蜜蜂付出生命。但哺乳动物的皮肤对它们来说很厚实，刺一旦扎进皮肤里，就很难完好地拔出来。因此蜜蜂不会随意对大型动物使用这个武器。

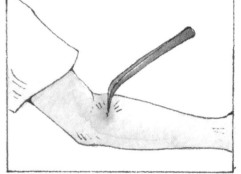

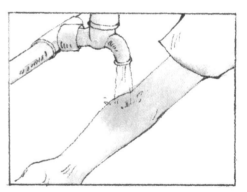

蜜蜂蜇伤急救指南

1. 找到伤口上的刺，用镊子拔出。

2. 用温水、肥皂水或生理盐水冲洗伤口，在野外紧急时，可用尿液代替。这些液体都是碱性的，可以中和酸性的蜂毒。

3. 如果治疗后半小时仍然有头晕、呕吐等不适症状，请尽快就医。

公园的池塘看似宁静，实际上生活着许多动物呢。不信的话，就往水面之下看看吧。

蜻蜓能够一边保持飞行姿态，一边用尾部点水把卵产在水中。在水中孵化而出的蜻蜓稚虫叫作水虿（chài），外形酷似一只琵琶虾。水虿可是十足的肉食性昆虫呢，同样在水中孵化的蚊子幼虫——孑孓（jié jué）就是它们的美餐。它们拥有捕猎的特殊构造——下唇罩，一旦向猎物出击，折叠着的下唇罩就能快速伸出，用尖端的"小钩子"牢牢夹住猎物，送回嘴里。

水虿要在水下完成十几次蜕皮，完成最后一次蜕皮的水虿会爬上水中的植物，来到水面之上，静静羽化成虫。

小小观察笔记——
区分动物之蜻蜓和豆娘

蜻蜓成虫和另一种叫作豆娘的昆虫十分相似。它们同属于蜻蜓目，但在形态上，我们仍然可以找出区别。

复眼：

蜻蜓的左右两侧复眼距离很近，几乎靠在一起，间距明显小于眼宽。豆娘的复眼间距大，一般大于眼宽。

身体：

蜻蜓的身体比较粗壮，而豆娘比较纤细。

蜻蜓

豆娘

豆娘　　　蜻蜓

翅膀：

蜻蜓前翅与后翅的脉络明显不同，而豆娘的比较相似。蜻蜓休息时会将翅膀平展开，而豆娘则会将翅膀向背后收拢。

稚虫：

蜻蜓和豆娘的稚虫都叫作水虿。蜻蜓稚虫的身体比较短粗，而豆娘稚虫更细长。豆娘稚虫的尾鳃很长，有明显的3片小叶。

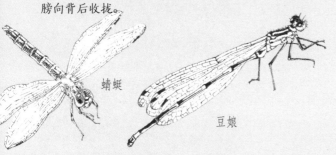
蜻蜓

豆娘

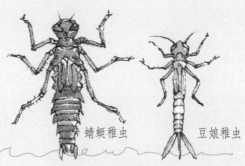
蜻蜓稚虫　　　豆娘稚虫

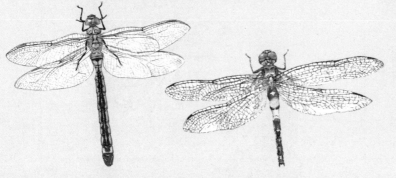
碧伟蜓　　　玉带蜻

蓝豆娘

夜晚的光

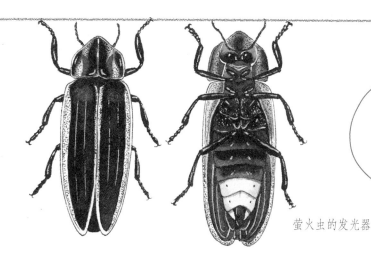

萤火虫的发光器

咦，除了路灯，夜晚还有东西在发光？原来那是一群能够发光的萤火虫。仔细观察，小小又发现了什么惊喜呢？

萤火虫发出的光点像在舞蹈，有自己的节奏。这些特殊的节奏在不同种类的萤火虫间也不一样。光点信号能帮助雌性萤火虫辨认出正在求偶的雄性同类。

不只有萤火虫成虫能够发光，它们的幼虫，甚至是卵都能发光。这是因为它们的身体里含有荧光素，能够发出冷光。

萤火虫对环境的变化十分敏感，因此几乎很难在城市见到它们。这些小生命的生存状况也直接反映了一个地区的生态水平。希望有一天，我们能在城市的夜晚见到它们的身影。

胸窗萤

雷氏黄萤

武汉萤

常见的萤火虫：

黄缘萤

鹿野氏红翅萤

小常识

在自然界中还有哪些会发光的动物呢？生活在海洋里的夜光虫受到海潮冲击后会发出"抗议"的光。

小溪边的发现

公园里，潺潺的溪流取代了冰冷的水泥路。小小探索着，这里有他之前从未见过的可爱生物。

小螺蛳（中华圆田螺）：

　　小小意外地发现河边田螺产下的是许多小田螺，他心想：田螺不是一种软体动物吗？为什么它生出来的不是卵，而是一个个缩小版的它呢？

　　田螺是一种卵胎生的软体动物，宝宝们在田螺妈妈的子宫里发育长大，出生后就是田螺的样子了。

　　田螺的外形和蜗牛很像，但它们的壳比较薄。田螺的眼睛也不长在触角顶端，而是在皮肤中内陷形成的，敏感度比蜗牛的高许多。我们可以通过观察它们右侧触角的粗细来区分它们的性别。触角较为短粗的是雄性田螺。

触角

壳口

田螺的血是什么颜色的？

答案：

在体内的时候是无色的，流出体外呈蓝色。

田螺能缩回壳里吗？

答案：

可以完全缩进壳里！

河蚌最喜欢把"小脚"露在壳外面了。

它们的"脚"就是蚌肉的"裙边"，更像一条小舌头。

无齿蚌：

无齿蚌，小小第一次听到这个名字的时候满是疑惑：这究竟是什么动物？其实你一定知道它的俗称——河蚌。贝壳的咬合部位一般都有齿状咬合结构，但河蚌没有，所以就有了"无齿蚌"这个名字。

河蚌通常都藏身在河底的泥沙里。它们的贝壳上没有高耸的螺旋，取而代之的是一条条弧形的生长纹。年纪越大的河蚌纹路越多。河蚌控制贝壳的开合，是借助前后两条发达的闭壳肌。

河蚌的幼虫叫钩介幼虫，河蚌妈妈会把产下的卵藏在壳里孵化，直到宝宝长成幼体。然后河蚌宝宝会寄生在河鱼身上，吸收鱼体的养分，直到发育成幼蚌。

河蚌有前后吗？

答案：

把河蚌的咬合部位朝上，河蚌伸出"脚"的那一头为前。

河蚌的血是什么颜色的？

答案：

和田螺一样，在体内时无色，接触空气后呈蓝色。

河蚌有眼睛吗？

答案：

河蚌没有眼睛，感觉器官也不发达。

翻开河边的石头，小小发现了一种和石头颜色很接近的动物。用放大镜观察，小小看到这种动物长得非常可爱，有着一个三角形的脑袋，上面还有一对小眼点。

石头下的神奇动物

涡虫可爱的小眼点只能感受外界光线的变化，并不能传递画面。它们身上有其他感受器，能够对水流、物体和环境中的化学物质做出反应。

这是一种扁形动物——日本三角涡虫。涡虫拥有强大的再生能力，如果把它们的身体切开，就会得到一只拥有两个脑袋的双头涡虫。通过分裂的方式，涡虫就可以轻松实现无性繁殖了。

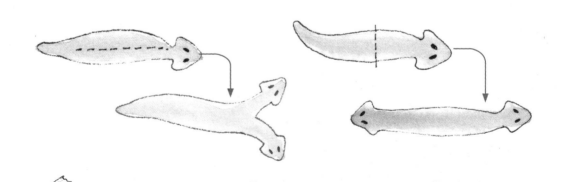

小常识

说起扁形动物，我们似乎很陌生，但说到许多引发疾病的寄生虫，比如血吸虫、猪带绦虫等，你一定很熟悉。这些寄生虫大多来自扁形动物门。

一场雨后，小小在公园的小路上遇到了出来透气的小蚯蚓。他差点儿忘了，大自然里还有这么多默默付出的"小英雄"呢。

泥土里的发现

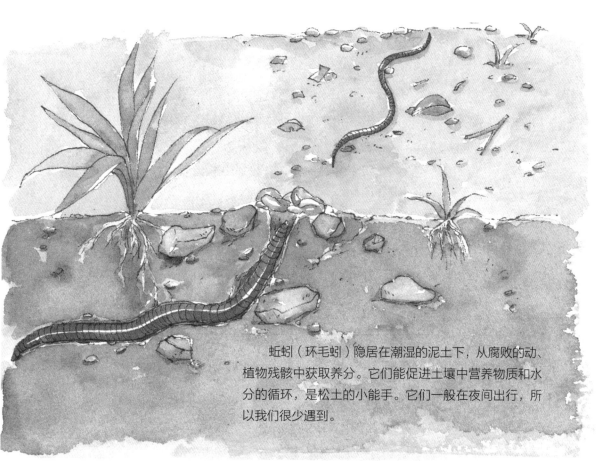

蚯蚓（环毛蚓）隐居在潮湿的泥土下，从腐败的动、植物残骸中获取养分。它们能促进土壤中营养物质和水分的循环，是松土的小能手。它们一般在夜间出行，所以我们很少遇到。

环带

肛门

后端

前端

口部

蚯蚓是一种环节动物，它们的标志就是身体上有着几乎均等的体节。它们的腹侧长有刚毛，能够在运动的时候增强摩擦力。

蚯蚓的头在哪里？蚯蚓身上没有五官和触角能帮助我们分辨它的头部位置。通过观察它们蠕动的方向，我们可以找到它们的头部位置。另外，静止不动时，找到它们身上比较宽的一节环带，离环带近的一端为头部。

蚯蚓是雌雄同体的动物，但只有在两条蚯蚓相遇，互相受精后，才能生育下一代。它们的卵外面包裹有一个茧形的"外套"，通常一个卵茧中能孵化出 3 条小蚯蚓。

小常识

蚯蚓处于食物链较底端的位置，难逃众多天敌的捕食，其中鼠类、鸟类和蛙类是它们最大的天敌。

小小的疑问：

蚯蚓能再生吗？

答案：

蚯蚓的每一段体节都是相对封闭的系统，因此即使被切断，大多数蚯蚓也可以幸存。

陆地上的
大自然

陆地大不同

来看看我们生活的地球吧。地球也是圆的，我们人类就居住这个球形的世界上。分布在地球上的各大陆地，气候、环境、动物和植物各不相同。

小小的环球旅行

苔原：

苔原大多分布在北极圈内，终年气候寒冷。这里较深的土层常年处于冰冻状态，被称为永冻层。

世界上最大的鹿——驼鹿，会在这里出没。

尽管冰盖看起来毫无生机，但有不少微生物活跃在这里哟。

山顶冰盖：

小小的环球旅行中，只要遇到极高的山，就会发现它的峰顶被白雪包裹。比如非洲的最高峰——乞力马扎罗山，它位于坦桑尼亚，那里的年平均气温不低于 25℃，但乞力马扎罗山的山顶却常年"戴着"冰雪"皇冠"。

温带落叶林：

这里的四季变化分明，夏天的时候树木茂盛，而转入秋、冬季，叶子落下，树干就大多暴露在冷风里。

针叶林：

针叶林是以针叶树为建群种的森林，我国大兴安岭北部的原始森林就属于北方针叶林。那里生长着大量松柏纲的植物，比如落叶松。

松叶表面覆盖着厚厚的角质层，所以摸起来硬硬的。

硬叶灌木群落：

这里夏季炎热干燥，硬叶灌木可以很好地适应这种环境。低矮的灌木群里生活着小型哺乳动物，赤腹松鼠就是其中最常见的小家伙之一。

赤腹松鼠

沙漠：

沙漠的降雨量非常小，能在这里生活的动、植物都拥有非凡的抗旱能力。即便如此，动物们在炎热的白日里还是要找到洞穴或是阴凉的地方躲藏起来。

热带稀树草原：

我们熟悉的狮子、斑马和长颈鹿都生活在非洲稀树草原上。这是一片充满自然原始味道的土地，每天都上演着激烈的生存大战。

位于新疆南部的塔克拉玛干沙漠是我国境内最大的沙漠。

四季并不会在稀树草原上留下踪迹，取而代之的是漫长的旱季和雨季。

温带草地：

这里是草和食草动物的主场，扎根在这片土地上的草大多是禾本科植物和一些豆科植物，它们有的可以长到两三米高，有的则只有几十厘米高。

极乐鸟

温带草原是牧民的天然牧场。

草地中隐藏的洞穴也是一些啮齿动物的家。

这里的许多鸟都长着艳丽的羽毛。

热带季雨林和热带雨林：

热带雨林有着地球上最丰富的物种，而热带季雨林次之。丰沛又平均的雨量让这里充满生机，这里生活着许多特有的生物。由于树木茂盛，许多动物都常年生活在树上。

巨嘴鸟

红绿金刚鹦鹉

思考：

我们对森林树木的砍伐打破了森林里植物、微生物和动物之间形成的营养循环。想想看，如果我们失去了最后一片森林，地球会变成什么样呢？

小小观察笔记——热带雨林箱

热带雨林是地球上最热闹的自然家园，拥有丰富多样的动物、植物、微生物等"原住民"。想要在玻璃缸里模拟出热带雨林环境，就要先了解它的特点。

自然条件	热带雨林情况	热带雨林箱模拟方法
温度	25~28℃	用陶瓷灯加热，利用温度计测量箱内温度；同时用 LED 灯模拟日光照射
相对湿度	95%（年降雨量超过2 000毫米）	借助小型加湿器和水杯，增加箱内湿度（需要注意，每次调整温度的时候，都要重新改善湿度）
植被	除了乔木、灌木，底层还生长着大量依附在其他植物根、茎上的地衣、苔藓等	利用老树根作为苔藓的家，植物可以选用凤尾蕨、铁线蕨、蝴蝶兰、大羽藓等
土壤	特殊的红壤，含有矿物元素	缸底铺设陶土、沙石，吸饱水分。上面覆盖更细的水底泥，模拟出雨林中的溪流

什么叫降雨量？

降雨量通常都用长度单位毫米表示，但这和雨滴的大小没有关系。下小雨的时候，路面上的积水不多，土壤和路面铺设的砖块能够及时吸收多余水分。而当雨变大，多余的雨水就会在地表积累起来，形成水洼。降雨量就是通过测量这些积水的深度得出来的。

小常识

云南西双版纳自然保护区拥有我国境内面积最大的热带雨林。那里生活着许多珍稀动、植物，比如保护区特有的细蕊木莲、双带鱼蝝，以及穿行在森林间的黑长臂猿。

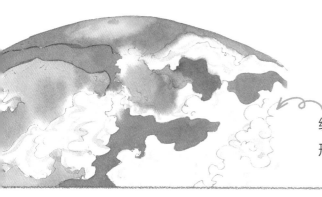

变化莫测的大地

山川湖泊和大海把陆地串联在一起，围绕并装饰着我们生活的这颗星球。可大陆的形状和位置是怎么变成现在的样子呢？

阿尔弗雷德·魏格纳提出的"大陆漂移学说"认为起初地球上只有一块大陆，活跃的地质活动把它撕裂成两块古陆——劳亚古陆和冈瓦纳古陆。在这两块古老的大陆上诞生了我们现在看到的大洲和大洋。大陆从聚拢到离散，看起来就像是陆地的漂移运动。

小小探索笔记——大陆的漂移

板块构造学说认为地球上的板块在以每年 1~10 厘米的速度移动，板块与板块之间的推挤、岩浆的喷发或是地震都会形成新的地貌，比如山脉、海沟、岛屿、火山等。

准备几块不同颜色的橡皮泥，捏成板块的形状，用手拉扯或推动这些橡皮泥，来模拟大陆板块的漂移，看看不同的地貌是怎么形成的。

山脉：

两块板块相向运动，发生碰撞和挤压，边缘隆起，形成高山。

岛屿：

两个板块碰撞挤压，有些陆地被挤出海面，就形成了岛屿。另外，部分陆地与大陆分离，也会形成岛屿。

火山：

板块的挤压也可能会形成火山。火山的力量来自于地下岩浆的喷发。

地震——大地的颤抖

地震的发生常伴随着令我们悲痛的新闻。为什么我们能够预报天气，却无法及时预测地震呢？这是因为引发地震的原因很多，现有的技术可探知的地层深度有限，再加上许多地震是偶然发生的，并没有一定规律可循，我们无法像预报天气一样预测地震。

地震仪

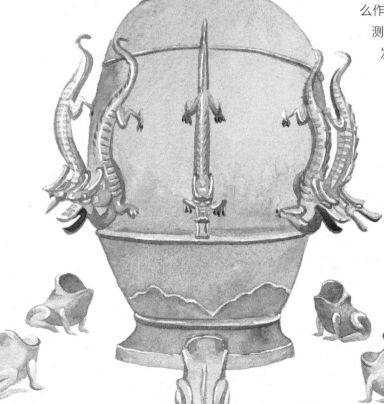

如果地震无法预测，地震仪又能起到什么作用呢？实际上，地震仪并不是用来预测地震的，而是借助地震波来测量地震发生的方位和强度。

早在我国东汉时期，伟大的科学家张衡就发明了能够知晓地震方向的仪器，叫作"候风地动仪"。根据记载，这个地动仪的表面攀爬着8条不同朝向的龙，每条龙口中都含着小铜丸。每当有地震发生，仪器内的机关就会被触发，对应方位的龙会将嘴里的铜丸吐出。而在龙首下方，端坐着8只张着大嘴的蟾蜍，铜丸刚好会掉进蟾蜍的嘴里。

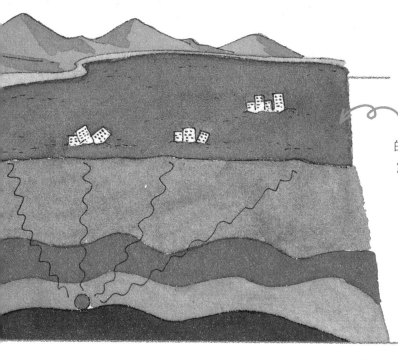

地震波

当风吹过水面，会激起皱纹一样的波纹，我们能看到一阵阵涟漪。地震波也是如此，它前进时有两条比较明显的路径：横波和纵波。横波会让大地水平地晃动，而纵波则会使大地上下震荡。纵波跑得比横波更快，所以在地震时，人们会先感觉地面上下震动，再感受到大地前后左右摇晃。

小小探索笔记——地震求生指南

灾害的发生让人无法预料，防灾减灾知识或许能成为危难时刻的希望钥匙。小小制作了一份《地震求生指南》，你也可以收集相关知识，并把它们分享给身边的人。

日常准备：

※应急包：防灾手册、饮用水、即食食物、手摇式应急手电、求生哨、包扎用品和药品、紧急联络卡、防护手套、口罩。
※定期和家人进行防灾演习。

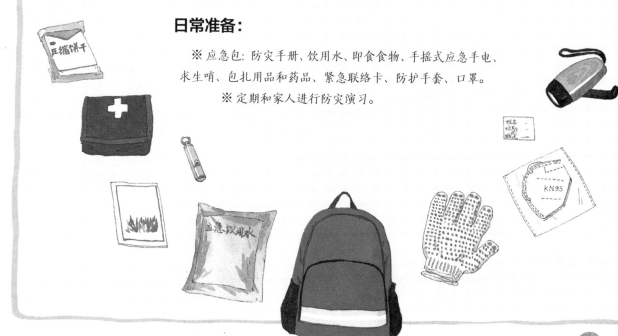

紧急避难：

　　※ 尽量保护头部、遮掩口鼻。如在室内，可以寻找坚固的家具（如桌、椅），躲藏在下边，并尽可能缩紧身体。空间小并有管道支撑的卫生间是家中适合避难的场所，不要去容易断裂的阳台。

　　※ 如在室外，需远离容易倒的树木、建筑、站牌、桥梁等，寻找开阔地。

　　※ 在避难时，要尽可能保存体力。

　　※ 逃生时，放弃携带不必要的物品。

　　※ 避免使用明火。

　　※ 逃生时，不要乘坐电梯。

小常识

　　你知道吗？其实地震的发生十分活跃。如果浏览一下中国地震台网中心发布的新闻，就能发现光是我国境内，每隔两三天甚至一天就会多次发生3级以上的地震呢。

溶洞——
大自然的作品

地球家园的地貌千变万化，其中还藏着许多神秘的洞穴等你去探索呢！

小小曾经跟爸爸去过黄龙洞，那里就是典型的喀斯特溶洞，是名为大自然的"建筑师"打造的奇特建筑群。在那里不仅能看到钟乳石如同一条水柱被凝固在半空中，也能看到脚边有冒出尖尖"脑袋"的石笋。

小小探索笔记——
钟乳石形成模拟实验

其实，溶洞里的天然奇观都要借助石灰岩完成。石灰岩到底有什么神奇的本领呢？一起去看看小小的模拟实验吧！

利用的化学原理：

1. 石灰岩中的碳酸钙遇到溶有二氧化碳的水，就会产生碳酸氢钙。
2. 碳酸氢钙溶解性强，遇热或压力，会重新生成碳酸钙。
3. 碳酸钙向下滴落就成为钟乳石，沉积在地面就长成了石笋。

所需物品：

开水（模拟遇热的条件）、小苏打、细绳和托盘（模拟洞穴的顶和地面）、别针（金属丝能吸附化学分子）、玻璃茶杯2只（透明容器便于观察实验过程）。

操作步骤：

1. 取出细绳，在绳子两头夹上别针，备用。

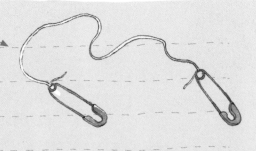

2. 在2只玻璃杯中倒入开水，并投入小苏打，过程中不断搅拌，直到杯底沉淀一层没有溶解的小苏打颗粒。

3. 把绳子两头的别针分别浸入小苏打溶液中，并拉开两只杯子之间的距离，在它们之间摆上一个托盘。注意：绳子中间的部分要保持悬空哟。

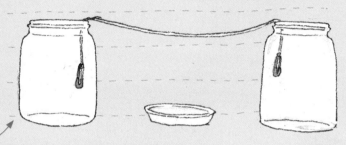

4. 静置实验装置，并在一周中观察变化。

实验结果：

一周后，我们会发现在绳子的中间出现了向下垂坠的小苏打结晶，就像喀斯特溶洞中的钟乳石。

小提示：

小苏打可以使用其他材料代替，只要它能溶于水且溶液里能产生晶体，比如食盐。

河流的故事

从宇宙中看地球，一下子映入眼帘的就是蔚蓝的海洋。水环绕着地球，养育了无数生命。安静的河流不光藏着美丽的鹅卵石，还有许多故事要和我们说呢。

河流的故事一：我的旅行路线

我总是从高的地方跑向低的地方。起初，我从巨大的冰川或是高山峭壁积累的雨水获得能量，在去往低处的路途中，新的降雨让我能够保持活力、继续前行。最终，我会汇入一片湖泊，或是通过入海口，投入大海的怀抱。

河流的故事二：我的旅程

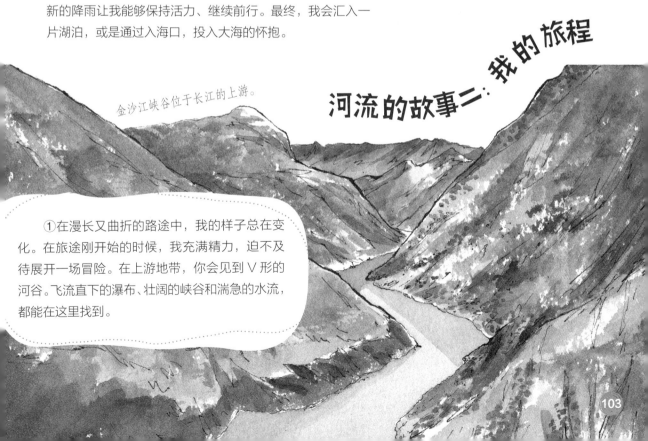

金沙江峡谷位于长江的上游。

①在漫长又曲折的路途中，我的样子总在变化。在旅途刚开始的时候，我充满精力，迫不及待展开一场冒险。在上游地带，你会见到∨形的河谷。飞流直下的瀑布、壮阔的峡谷和湍急的水流，都能在这里找到。

②在中游地带，我学会了放慢脚步，欣赏两岸的平原和丘陵。我会做些好玩儿的事，比如在大地上勾勒出蜿蜒曲折的河道。你会发现我延伸出的支流长短不一，流经的地方面积也不同。

曲流河道

③当进入旅途的最后一程时，我调整了呼吸，开始平缓地前进。在这里，我的河道变得又开阔又平缓，河滩也更多了。河底的大石块已经被变成了大量的泥沙。辫状河、牛轭湖和三角洲，大都在我的下游地区分布着。

牛轭湖

辫状河

世界上最高的瀑布是位于委内瑞拉境内的安赫尔瀑布，它的落差有近 1000 米呢。

104

河流的故事三：
我的日常

你们今天在河底触摸到的沙砾，也曾和我一起跨越万里。你们几乎无法把我捧在手里，但我并不像看起来这样柔弱。大多数时间我能控制好我的力量，在大地上做着不同的工作，但有时，我的力量大到自己都无法控制，对你们造成伤害，请不要因此畏惧我。

河流工作日志

※ 不停向前跑，每分每秒都要保持流动。

工具：无

※ 把石头从高处搬到低处。

工具：无

※ 让河里的石块在一起敲敲打打，变成细碎的小颗粒。

工具：无

※ 打磨出不同形状的河道。

工具：河底的石块

我们经常看到弯曲的河道，这都是河流在日积月累的工作中完成的作品。你知道吗？在河流的弯曲处，两岸的河滩看似没有差别，其实水的深浅完全不同。这是因为河流中不同位置的水流速度也不相同。

外侧的河岸被河流侵蚀，变得更深，就像水中的悬崖一样。内侧的河岸被流速比较慢的水流冲刷，沙石沉积变成了水中的小山坡。

河流的苦恼

河流也有它的苦恼，有时候收集来的水量太多，河道没有办法容纳，这些水就会向陆地涌去，形成洪水。如猛兽一般的洪水会摧毁农田、树木和建筑物，甚至还会夺走人类和其他动物的生命。我们不能控制河流，但河流的力量在更多时候，造就了令人叹为观止的自然景观。

河口是河流汇入海洋的通道，这里混合了淡水和咸水，河底的泥沙中积攒了丰富的食物，吸引着鸟儿前来觅食。

海洋里的
大自然

海洋的力量

一些河流旅途的终点站是海洋，当它们汇入大海后，又成了另一些生命的家，塑造着更壮观的海岸景观。小小会在海岸边发现什么奇特的地貌呢？

岬角：

　　岬角看起来像一只从陆地上伸出的鸟喙，你一定知道"好望角"吧，它就是典型的岬角。好望角位于南非开普敦，葡萄牙航海家迪亚士正是率领船队绕过这里，才开启了航向印度的海路。像好望角这样的岬角，是海岸的泥沙在海水的侵蚀下，不断向外沉积形成的。这些尖尖的角也因此叫作沙嘴。

海蚀拱（海穹）：

　　岩石受到海浪的冲击，被不断掏空，直到两座海蚀穴相遇、打通，海面上就像伫立着一座岩石拱桥。这就是海蚀拱。

海蚀穴：

　　在海浪的冲刷和海水涨落的撞击下，岬角的岩石表面出现了大大小小的裂缝，并且这些裂缝会变得越来越大。当裂开的口子深到能够形成洞穴的程度，海蚀穴就出现了。

海蚀柱：

　　海水的运动不会停息，海上的石头拱桥也终有一天会断开，变成两段。其中离海岸更远的那一段看起来孤零零的，在风和海水的共同雕刻下，一点点变成柱状，就成了海蚀柱。

　　除了这些地貌，海滩也是一种常见的海岸地貌，是由沉积物堆积形成的。细心的小朋友可能会发现，除了黄色、白色的沙滩，还有的沙滩是红色、绿色甚至是黑色的。这是由于沙滩含有不同物质或化学元素。

小常识

　　"东临碣石，以观沧海"的"碣石"据说指的就是海蚀柱。

守护海岸线

海洋里的垃圾来自哪里呢？海水和风会把人们在海上丢弃的垃圾带上陆地或海滩，也会把陆地和海滩上的垃圾拖进海洋中。保护海洋环境，我们能做些什么呢？

小小戴上手套，穿好防晒防风的外套，来到沙滩上。他要从这片海滩的某一段开始，记录下捡拾到的垃圾，并把垃圾带回清运地点分类丢弃。让我们看看他找到了什么。

垃圾名称	分类	备注
衣物	纺织品	属于可回收物
木块、冷饮棒	木制品	如果沾有污迹，宜作为其他垃圾处理

烟盒、牛奶盒		
	纸制品	纸制品通常很轻，当人们将它们随意丢弃在地上时，它们就很容易被风吹入大海。它们属于可回收物
水瓶	普通塑料制品	在海中漂浮的塑料制品会被许多海洋动物当作美餐。误食后，塑料难以被胃肠道消化，积存在动物体内。当它们的胃被垃圾填满，产生了虚假的饱腹感，就再难进食
一次性餐盒	塑料泡沫	经济鱼吞食了微小颗粒的塑料，人们又吃下了这些鱼，难以代谢的塑料微粒就来到了人们的体内
橡胶带	橡胶制品	属于可回收物
餐具、夹子	金属制品	属于可回收物
玻璃瓶碎片	玻璃制品	属于可回收物
渔网	尼龙制品	尼龙材质的渔网会对海洋动物的身体造成巨大的伤害。动物们在游动时，误入网兜，无法挣脱。随着它们长大，牢固的尼龙网会深深勒进肉里，导致它们死亡
动物尸体	其他	如果在海滩上发现动物尸体，请不要伸手触摸，因为腐败的尸体会产生大量细菌和微生物

海洋的秘密

海洋有什么秘密呢？比如被海浪冲上沙滩的贝壳、墨鱼骨、海藻等动植物残骸，有可能会成为其他动物的食物。小小望向大海，想知道更多关于大海的秘密。

美丽的沙滩有什么用？

在沙滩上，美丽又细腻的沙子是很多人想带走的纪念品。但其实沙滩与许多动物的生存息息相关，比如海龟妈妈会游到世世代代产卵的小岛，在那里的沙滩上挖洞产卵。既然我们喜爱美丽的沙滩，就应该让沙子继续留在这里。

海面之下有什么？

生活在深海的鮟鱇鱼头上顶着一个"小灯笼"，用来吸引猎物。在昏暗的海底，它们的眼睛慢慢退化，但触手十分敏感。还有许多在海底生活的动物拥有电感受器，能察觉到鱼儿在水中游动时产生的微弱电流。

海洋就是被海水灌注的陆地，我们几乎能在海面之下找到所有陆地上有的地貌。在光线最充足的透光层，拥有缤纷的生命，尤其是靠近大陆架的浅海。在宁静幽暗的深海里，光线几乎无法通过，在这里存活的动物们都拥有特殊的构造。

海水是什么味道的？

如果你不小心呛到一口海水，就会发现海水的味道是咸的。这是因为海水中有大量的盐分。如果我们摄入大量海水，身体没有办法排出多余的盐分，会造成严重的脱水。终生生活在海洋里的鱼儿可以调节体液的浓度和渗透压，不让体外的海水过多渗入体内。而海鸟和海中生活的爬行动物们则在眼眶上方长有特殊的腺体——盐腺，能够排出多余的盐分。

海水为什么有不同颜色？

海水到底是什么颜色呢？是蓝色还是绿色？当我们用手捧起海水，又发现它是透明的。阳光把它所拥有的色彩全部投入大海，但红、橙、黄光的穿透力更强，容易被海水吸收，蓝色和紫色光的穿透力差，就会被反射或散射出来，传到我们的视线里。不过如果海水显现出黄色，大多都是由于海水中混入了大量泥沙。

潮起潮落

小小跟爸爸妈妈在海边体验日出带来的感动，看着太阳从海平面一点点跳动着升起，他发现奇迹就在身边。海水每天都会经历涨落，这是因为太阳和月亮总是准时"打卡"。

月亮绕地球运动时，产生了对海水的吸引力。地月距离变化时，引力和离心力的大小也不一样，因此带来了海水的涨落。白天的称为潮，而夜晚的称为汐。当地球、太阳和月亮处于同一水平线时，地球受到月亮和太阳叠加的引力，潮汐作用最为明显。

太阳、月球、地球三者位置成一条直线时为大潮，三者位置成一个直角时为小潮。

阴历和阳历

月亮不仅在潮汐中发挥着主要的作用，也是古人计算日期的参考物。根据月亮绕地球运动的周期规律和月相的变化，古人制定出阴历。

新月时，我们几乎看不到月亮或是只能见到它的一点点边缘，古人称之为"朔"。满月时，月亮满满当当地挂在天空，古人称之为"望"。月相从缺到圆再回到缺的变化周期大约是 29.5 天，即一个朔望月。因此，阴历中的一年约是 354 天。

小常识

当月亮位于地日之间的时候，它自身会因为强大的引力而变形。

小小观察笔记——
月相观察

小小发现月亮每天都在悄悄改变着轮廓和位置形状。坚持观察一个月，小小记录下了不同形状的月相。

月相记录表制作方法：选择某一个月的日历作为参考，在表中保留星期、阳历和农历日期，预留绘制月相的空白区域。先借助圆规画出月亮的轮廓，将观察到的月亮形状填充上色。记录好一个月里的月相变化，寻找出规律，我们只要通过赏月就能判断日期啦。

6 月月相记录表						
星期一	星期二	星期三	星期四	星期五	星期六	星期日
初十	十一	十二	十三	十四	十五	十六
十七	十八	十九	二十	廿一	廿二	廿三
廿四	廿五	廿六	廿七	廿八	廿九	初一
初二	初三	初四	初五	初六	初七	初八
初九	初十					

关于月亮你还有哪些疑问呢？下面是小小的疑问。

小小的疑问：

月相的圆缺和阴历相关还是和阳历相关？有什么规律？

答案：

我们现在用的"农历"以阴历为基础，同时也结合了节气、阳历这些历法。因此月相和农历能够对应起来，从月初到中旬再到月末，分别对应着月亮从缺到圆再到缺。

每一天都能观察到月亮吗？

答案：

月亮每天都挂在天空，但能不能观察到它，要看天气和空气质量。

每一天的月亮颜色都一样吗？

答案：

不一样。月亮所处的高度不同，空气中的污染颗粒多少，都会影响我们眼中的月亮颜色。

白天能看到月亮吗？

答案：

能。不过，虽然月亮一直都在天空中，但当太阳升起之后，光线强烈，我们很难看到稍显暗淡的月亮。

海洋里的动物

小小来到了向往已久的海边，脚丫踩进温暖的沙子里，小螃蟹从脚边溜走。吹着海风，小小想起了一件事：海洋里可不只有鱼啊！

海龟

陆龟和水龟遇到危险时，会把身体缩进壳里，可大海里的海龟不会这么做。海龟们除了上岸繁殖，几乎终生都在海洋里漂泊。它们时刻处于游动的状态，因此四肢演化成了扁平的船桨状，也不再缩回壳里。

海龟妈妈总是把卵产在同一片海滩。由于全球气候暖化加速，海平面上升剧烈，有些海龟历代产卵的海滩也已被淹没。海龟要面对更多未知的挑战。

棱皮龟

绿海龟

玳瑁

海鸟

有些鸟除了繁殖，几乎一辈子都在海上度过，比如信天翁、军舰鸟等。它们大多长有蹼，翅膀又长又尖，能够借助风力滑翔。累了的时候，会漂浮在海面上休息。军舰鸟是空中的"捡漏王"。海面上的海鸥捕捉到鱼后，时常被一些掠食性的鸟骚扰，不慎掉落口中的鱼。这个时候，军舰鸟就会冲上去，快速叼走这条"漏网之鱼"。

信天翁

军舰鸟

海兽

海狮

海豹

海牛

海狗

海象

陆地上的猛兽或大型哺乳动物，通常都有与其名字对应的海兽，比如海狮、海豹、海象、海牛等。这些海兽虽然长得很呆萌，但都是战斗力很强的猛兽。它们和海洋中体形最大的哺乳动物鲸一样，都拥有厚实的脂肪层，以保存能量。这也是它们能长期在海洋中生存的必备条件。这些海兽能够在陆地上爬行，不过都略显笨拙。它们的四肢特化成了鳍状肢，更加适应水中的游泳生活。

小小探索笔记——
计时沙漏DIY

沙滩给小小带来了新的灵感。回到家后，他买了一些人造的彩色沙子，想要制作一个计时工具——沙漏。

所需物品：两个一样大小的塑料瓶或玻璃瓶、彩色人造沙（也可以使用小米、大米、黄豆等代替）、胶带、剪刀、记号笔。

操作步骤

1. 取下两个塑料瓶盖，在同一位置打孔。打孔前建议用记号笔标记位置。

2. 将两个瓶盖"背靠背"，用胶带捆绑到一起。

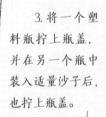

3. 将一个塑料瓶拧上瓶盖，并在另一个瓶中装入适量沙子后，也拧上瓶盖。

4. 倾倒瓶身，测试沙子是否可以缓慢漏下。如果漏得太快，就需要用胶带遮挡掉部分瓶盖上的孔洞。如果漏得太慢，就需要把瓶盖上的孔扩大一些。

5. 完成后，测试沙漏漏完1次所用的时间。可以增加或减少沙子，再计时。把用时调整为整数最佳。